Introducción a la Astrofísica

Materiales / Ciencia y Tecnología

El libro universitario

Eduardo Battaner

Introducción a la Astrofísica

Alianza Editorial

Primera edición: 1999
Segunda reimpresión: 2005

Calle Juan Ignacio Luca de Tena, 15; 28027 Madrid; teléf. 91 393 88 88
www.alianzaeditorial.es
ISBN: 84-206-5745-X
Depósito legal: M. 43.585-2005
Compuesto en EFCA, S. A.
Parque Industrial «Las Monjas»
28850 Torrejón de Ardoz (Madrid)
Impreso en Fernández Ciudad, S. L.
Printed in Spain

A Iei, Edu y Sergio

Índice

Agradecimientos 9

Prólogo 11

1. Introducción 13
   1 Qué es la Astrofísica 13
   2 La medida de la luz 15
   3 Espectros 17
   4 Fotometría 21
   5 Distancias 28

2. Estrellas 33
   1 Clasificación estelar 33
   2 Estrellas dobles y masas estelares 36
   3 Por qué brilla una estrella 43
   4 El interior de una estrella normal 45
   5 Estrellas de la secuencia principal 49
   6 Enanas blancas 55
   7 Enana blanca relativista 60
   8 Estrella de neutrones 62

9 Estrellas masivas 64
10 Enanas marrones 65
11 Evolución estelar 67
12 Agujeros negros 71

3. Galaxias 73
1 La relación de Tully-Fisher 82
2 Galaxias activas 83
3 Fuentes superlumínicas 86
4 La Vía Láctea 87
5 Colisiones estelares 93
6 El medio interestelar 96
7 El nacimiento de las estrellas 99
8 El campo magnético 103
9 La radiación sincrotrón 113
10 Agrupamientos de galaxias 117

4. Cosmología 121
1 Cosmología Newtoniana 121
2 El Principio Cosmológico 121
3 La ley de Hubble 125
4 Explicación de la expansión del Universo 127
5 Ecuación de continuidad 128
6 El factor de escala cósmico 129
7 La ecuación del movimiento del Universo 131
7.1 Universo sin gravedad 132
7.2 Universo con gravedad 133
8 El enfriamiento del Universo 138
8.1 Enfriamiento de la materia 138
8.2 Enfriamiento de los fotones 139
9 Historia del Universo 140
10 La época de Planck 146
11 El lenguaje relativista 148
12 Algunos problemas de la Cosmología actual 150

Materiales 153

Agradecimientos

Este libro no se hubiera escrito si no hubiera sido por las estrellas, tanto las que están de aquel lado del telescopio como por la que se encuentra en éste. Gracias a la Estrella que no solamente está de esta parte de mi telescopio, sino también de esta parte de mi pluma.

Prólogo

En este preciso momento comienza un íntimo diálogo entre lector y autor que puede incluso durar toda la vida, si es que alguno de los dos no se cansa antes. Puesto que vamos a estar juntos tanto tiempo, bueno será que nos presentemos.

Poco tengo que decir de mí, salvo que tengo el peregrino oficio de entender el Universo y de hacer que otros le entiendan. Soy un inseminador de duda y desasosiego. Éste es mi currículum vitae.

De usted lector, sólo sé que no es un analfabeto científico. Supongo que no es de aquellos que, aun poseyendo una cultura humanística considerable, se achantan ante una simple fórmula, aunque ésta no involucre más que las cuatro operaciones elementales. En este libro hay fórmulas (recordemos la conocida frase de Galileo: «El Universo está escrito en lengua matemática») pero son sencillas. Prescindir de todo tratamiento matemático relegaría este librito a la descripción, a la fotografía, a la transmisión de creencias..., labores nada desdeñables y complementarias, pero alejadas tanto de nuestra intención como de la suya. La matemática nos permite la precisión y la concisión. Una simple formulita es más expresiva que cien páginas.

Claro es que una cosa es no ser un analfabeto matemático y otra utilizar con soltura un lenguaje especializado. Ni cortes ni cortijo. Tiene que haber soluciones intermedias, que permitan con una matemática sencilla abordar los problemas con un aceptable nivel de rigor. Hemos realizado un esfuerzo intenso (y placentero) en la búsqueda de estas soluciones didácticas intermedias, con la confianza en que la sencillez en los razonamientos conduce a una sencillez en la interpretación.

La matemática utilizada es muy sencilla. Concretando, se supone que el lector posee nociones elementales de cálculo diferencial e integral, lo que constituye el techo del nivel matemático requerido. Los que han completado su bachillerato de ciencias están capacitados y los que estudian o estudiaron un curso primero de una licenciatura de ciencias o de una ingeniería no tendrán ningún problema de lenguaje. ¿Quién no sabe hoy lo que es una integral?

Además del texto propiamente dicho se incluyen «Materiales», como distintivo de esta colección. Su lectura no supone un orden ni una relación directa con el texto general, aunque su ubicación no es completamente aleatoria. Hay materiales de tres tipos: a) tablas, así como listas de objetos, de estrellas, de galaxias, de supercúmulos, de vacíos, de telescopios, de coordenadas, etc. con sus características fundamentales, cuya sencilla inspección es siempre formativa. b) Breves resúmenes de algunas cuestiones de Física que se usan en el texto, por si no se conocen o no se recuerdan, tales como los conceptos de cuerpo negro o de expansión adiabática. c) Algunos breves comentarios sobre aspectos no propiamente científicos relacionados con la Astronomía.

Se tratan las estrellas, las galaxias y el Universo como un todo (Cosmología). En cambio, no se considera el Sistema Solar. Aunque es éste uno de los capítulos obligados de la Astrofísica, está aquí ausente porque el autor ya hizo esta labor en el libro *Planetas*, de esta misma editorial (Alianza Editorial), que completa éste de propósito más general.

Así que, insaciable lector, le invito a pasar la página. Por muy torpe que sea el autor, la Astrofísica es tan apasionante que puede provocarle insomnio y otros transtornos vitales. Le invito a cabalgar sobre el lomo de este libro (quizá sea sólo un caballito de cartón), a meditar a la sombra de estas hojas (quizá sea sólo un libro de hoja caduca), a embarcarse en esta aventura (quizá sea sólo un barquito de papel)...

1. Introducción

1 Qué es la Astrofísica

Literalmente, Astrofísica significa la aplicación de la «Física» al conocimiento de los «astros», fusionando estas dos palabras entrecomilladas. Esta definición breve y clara necesita, sin embargo, algunos comentarios. Ni la primera palabra, astro, es perfectamente apropiada, ni lo es la segunda, Física.

No sólo nos interesan los «astros» (planetas, estrellas, galaxias...) sino también las regiones interastrales (medios interplanetario, interestelar e intergaláctico). En épocas primitivas, por otra parte, no había aún astros, y el Universo pregaláctico nos interesa tanto como el actual. Nos interesa tanto el astro como lo que no es astro, es decir, nos interesa todo.

No puede considerarse la Física como una ciencia anterior e independiente de la Astrofísica, ni histórica ni lógicamente. La Física, en su camino histórico en búsqueda de sus leyes fundamentales, siempre tuvo bien presentes los fenómenos cósmicos. Así lo hicieron Newton y Einstein y así lo hacen hoy los físicos teóricos. No es de extrañar, pues las leyes fundamentales no sólo han de ser válidas para las condiciones muy restringidas de un laboratorio. Han de ser válidas también para cualquier rincón del Universo, es decir, válidas para unas condiciones caracterizadas por unos valores de las magnitudes físicas tan extremadas que son inimaginables para un observador terrestre. En el Cosmos es donde la validez de una ley fundamental está realmente sometida a prueba.

La temperatura es de unos grados Kelvin en algunas regiones del medio interestelar y de 10^{32}K en la época de Planck, unos 10^{-43} segundos después del Big-Bang. Podemos referirnos a todo el Universo observable, con un tamaño del orden de 10^{28} cm, con una masa del orden de 10^{55} g (unas 10^{9} galaxias por unas 10^{11} estrellas por galaxia y 2×10^{33} g por estrella, más otras cantidades de materia no estelar). El medio interestelar tiene una densidad típica de $\sim 10^{-24}\ g\ cm^{-3}$ (aproximadamente 1 átomo de hidrógeno por cm^3) cien mil millones de veces más vacío que el que puede conseguirse en un laboratorio, de aproximadamente $10^{-13}\ g\ cm^{-3}$. Una ley que explique los hechos con estos valores tan extremados, seguramente nos servirá para el laboratorio, pero no al revés. Ya alguien dijo que «la Física es la Astrofísica de laboratorio». (¡qué exageración!).

Para el conocimiento del Universo, no solamente hay que aplicar la Física, sino todas las otras ciencias, en particular la Química, la Geología, la Biología, etc. La aportación de estas ciencias queda, sin embargo, incluida en la denominación de Astrofísica, sin que tengamos que cambiar o ampliar el nombre. Con todo lo dicho, la definición de Astrofísica ha quedado muy diluida: aplicamos todo para conocer todo. Y es que, si definimos Astrofísica como la ciencia del Universo, no concretamos mucho más.

La diferencia entre Astronomía y Astrofísica es muy poco nítida. Suele decirse que la Astronomía, ciencia más antigua, considera que los astros son puntos materiales que, aunque obedecen a las leyes de la Mecánica, no poseen propiedades físicas internas, como densidad, composición química o campo magnético, mientras que la Astrofísica, ciencia más joven, tiene «ya» en cuenta estas propiedades internas. Pero la frontera entre ambas ciencias acaba siendo muy borrosa. Podríamos decir que la Astrofísica es hija de la Astronomía, pero... es hija única.

Tan antigua es la Astronomía que comienza en la Prehistoria. En cambio, la Astrofísica es una ciencia jovencísima. En el siglo pasado (1814), Fraunhofer observó las líneas del espectro solar, que no fueron explicadas hasta 1859. Hasta 1888 no se obtuvieron velocidades de alejamiento utilizando un espectro estelar. En fecha tan reciente como 1838, no se conocía más distancia de una estrella que la del Sol. Antes de 1924, fecha en la que Hubble determinó la distancia a M31, ni siquiera sabíamos que había otras galaxias. En 1929, Hubble descubrió la expansión del Universo, aunque la papelera de Einstein ya hubiera sido informada de tal descubrimiento 13 años antes. Antes de 1931 ni siquiera había pasado por la imaginación de un astrónomo que el Universo podía ser estudiado con una antena de radio, limitándose la Astrofísica anterior a observaciones en el visible. No tiene la Astrofísica ni un siglo de existencia.

2 La medida de la luz

La información que nos llega del Cosmos es mayoritariamente radiativa. Las ondas electromagnéticas que nos llegan son nuestra fuente casi exclusiva de datos y debemos empezar por definir las magnitudes y unidades que se emplean en Astrofísica, no siempre las mismas que utiliza la Óptica, y en ocasiones incluso, bastante peculiares.

Un astro emite una «luminosidad», L, o energía radiada por segundo en cualquier dirección. Así por ejemplo, el Sol emite $L_{\odot} = 4 \times 10^{33}$ $erg\ s^{-1}$. El conocimiento de la luminosidad de una estrella es importante porque, si la estrella está en estado estacionario, es decir, no experimenta cambios temporales, emitirá toda la energía liberada en su interior. De esta forma, la luminosidad de una estrella nos informa algo de los procesos físicos en su interior.

Por cada centímetro cuadrado de la superficie de la estrella (o de un astro en general), sale al espacio un «flujo», q, o energía radiante por segundo y centímetro cuadrado. Si la estrella emite uniformemente por toda su superficie esférica, será

$$L = 4\,\pi R^2 q \qquad (1.1)$$

siendo R el radio del astro. Si la estrella emitiera como un cuerpo negro (véase el Material B1 sobre el cuerpo negro), q sería una función exclusiva de la temperatura en la superficie, más concretamente $q \propto T^4$. Las estrellas reales no son cuerpos negros perfectos, pero aun así, el flujo nos informa básicamente de su temperatura superficial.

Éste es el flujo radiativo que sale del astro, que no puede coincidir con el flujo radiativo llegado a la Tierra, al que, aunque se trate de la misma magnitud física, denotaremos con la letra f. El «flujo en la Tierra», f, es pues la energía radiante que llega aquí por centímetro cuadrado y por segundo. Si la luz procedente del astro no fuera extinguida por el camino, y si el astro estuviera en estado estacionario, toda la energía que sale por la superficie del astro acabaría atravesando una superficie esférica de radio r, siendo r la distancia astro-Tierra. Por lo tanto

$$R^2 q = r^2 f \tag{1.2}$$

Vemos en esta fórmula que el flujo f es inversamente proporcional a r^2; la luz de los objetos más lejanos nos llega más debilitada, como es conocido y esperable.

Cuando en lugar de una estrella puntual, observamos una fuente extensa, como puede ser el Sol, los planetas o las galaxias, podemos distinguir y especificar la luz procedente de diversas regiones de la fuente. Se define entonces la «intensidad», I, o energía radiante emitida por segundo, por una región de la fuente que se observa desde aquí con un ángulo sólido de $1''^2$ (un segundo de arco al cuadrado) y que se recibe aquí en una superficie de un centímetro cuadrado.

Se comprende que si sumamos la luz de todas las zonas observables de la fuente obtendremos el flujo total, f, emitido por toda la fuente y llegado aquí, por lo que

$$f = \int_S I dS \tag{1.3}$$

donde dS es el elemento de superficie angular (medido en segundos de arco al cuadrado) y la integral se refiere a toda la superficie angular subtendida por la fuente.

Vimos cómo el flujo, f, de un astro, recibido en la Tierra, dependía mucho de la distancia de tal astro, concretamente según $f \propto r^{-2}$. En cambio, la intensidad, I, tiene el gran interés de que no depende de r. En efecto, el área real (medida en cm^2) en la fuente correspondiente a un ángulo sólido de $1''^2$, será mayor cuanto mayor sea r, concretamente aumentará según r^2. Por otra parte, la luz se pierde según r^{-2}. Ambos efectos se compensan y finalmente resultará que la intensidad es independiente de la distancia. Por lo tanto, la intensidad nos informa directamente de procesos físicos en la fuente. Cuando observamos la fuente con gran detalle (alta resolución espacial) podemos obtener la intensidad, I, con mayor precisión y en mayor número de puntos de la imagen de la fuente, pero su valor no debe ser diferente, salvo los errores obtenidos cuando observamos en baja resolución espacial. La unión de los puntos de igual I de una fuente extensa es una línea llamada «isofota» y el conjunto de las isofotas constituye el mapa de la fuente.

3 Espectros

En ocasiones, no sólo nos interesa la luz total recibida en todas y cada una de las frecuencias del espectro electromagnético, sino la luz que se recibe en cada frecuencia en particular. Así, definimos el «flujo específico», f_ν, con la misma letra que antes pero con un subíndice ν, como la energía radiante recibida por cm^2, por segundo, en una frecuencia ν comprendida entre ν y $\nu + d\nu$. A la función $f_\nu(\nu)$ se la llama «espectro» de la fuente. De igual modo definiríamos q_ν, I_ν, L_ν.

Se comprende que si sumamos el flujo recibido en todas las frecuencias obtenemos el flujo que definimos antes, es decir

$$f = \int_0^\infty f_\nu d\nu \tag{1.4}$$

y de igual forma obtendríamos q, I, L, a partir de q_ν, I_ν y L_ν respectivamente.

Todo lo que conocemos del Universo está prácticamente encerrado en la función I_ν (ν, α, δ, t), donde α, δ son las coordenadas angulares ecuatoriales (véase Material A3 sobre coordenadas) y t es el tiempo. Esta función es casi nuestra única base de datos para reflexionar sobre el Cosmos. Es llamativo que sólo dispongamos de esta función, especialmente teniendo en cuenta que I_ν

no suele depender del tiempo. A escala humana, la mayor parte del Universo observable parece inmutable.

El espectro $f_\nu(\nu)$ (ó $I_\nu(\nu)$, ó $q_\nu(\nu)$, ó $L_\nu(\nu)$) puede ser de alta resolución espectral, cuando conocemos muchos puntos de la función $f_\nu(\nu)$, o de baja resolución espectral, cuando conocemos pocos.

Un espectro está formado por un continuo y unas rayas. El continuo se debe a la existencia de una función $f_\nu(\nu)$ sin discontinuidades bruscas que abarca todas las frecuencias. Superpuestas al continuo están las rayas (o líneas) del espectro, que pueden ser de emisión o de absorción, según si sobresalen del continuo o le oscurecen. Las rayas abarcan una región de frecuencias muy reducida, como consecuencia de la naturaleza cuántica de los niveles energéticos de los átomos o moléculas, emisores o absorbentes. En la figura 1 representamos un espectro esquemático con un continuo, una raya de absorción y una raya de emisión.

Diversos mecanismos pueden llevar a la formación de un continuo. Comentamos tres de los más importantes:

a) Continuo Térmico.—Es emitido por los cuerpos sencillamente por tener una temperatura. Por ejemplo, la agitación térmica produce colisiones entre los átomos, alguno de los cuales puede quedar excitado en la colisión, emitiéndose un fotón en la desexcitación. El conjunto de estos fotones formaría el continuo térmico. Si el cuerpo emisor está en equilibrio, el espectro térmico continuo es el de un cuerpo negro (véase Material B1), pero a veces puede diferir considerablemente. Cuando el emisor es un cuerpo negro, su espectro es independiente de los mecanismos de emisión, independiente de si éstos se deben a las excitaciones colisionales que mencionábamos o a cualquier otro mecanismo. (En general, las propiedades del equilibrio estadístico de cualquier sistema son independientes del mecanismo mediante el cual se alcanza). Ejemplos importantes en astrofísica de espectros continuos térmicos son el continuo de las estrellas, el de la emisión del polvo interestelar, el espectro en rayos X del medio intergaláctico en un cúmulo de galaxias y el fondo de microondas (fotones que llenan todo el espacio, vestigio del Universo primitivo del que hablaremos en el capítulo de Cosmología).

b) Continuo sincrotrón.—La trayectoria de una partícula cargada en el seno de un campo magnético es helicoidal, recordando un muelle. Puesto que no es una línea recta, la partícula cargada sufre (o goza) una aceleración. Toda partícula cargada acelerada emite. El conjunto de los fotones emitidos de esta forma constituye la emisión del continuo sincrotrón. La radiación sincrotrón domina el espectro de ondas de radio del gas interestelar, por ejemplo.

c) Continuo Compton inverso.—En el efecto Compton, un fotón al interaccionar con una partícula, pierde energía, por lo que su longitud de onda aumenta. En el efecto Compton inverso, la energía de la partícula puede comunicarse al fotón, disminuyendo así su longitud de onda. Estos fotones energéticos pueden constituir el continuo Compton inverso. Frecuentemente el continuo Compton inverso contamina otros continuos, siendo en pocas ocasiones el efecto dominante.

Las rayas espectrales corresponden a transiciones energéticas discretas, normalmente del electrón más externo en los átomos y moléculas y de vibración y rotación en las moléculas. Las rayas debidas a la vibración y rotación son muchas y poco espaciadas y constituyen bandas. Como el elemento más abundante en el Cosmos es el hidrógeno, las rayas más abundantes observadas pertenecen a este átomo, entre las que cabe distinguir la línea de Lyman-α (1216 Å, en el ultravioleta), la H_α (6563 Å, su nombre es realmente Balmer-α) y la de 21 cm (correspondiente a la transición de la posición paralela a la antiparalela del «spin» del electrón). Gran parte de nuestro conocimiento del Universo se ha obtenido mediante el estudio de estas tres rayas.

El hidrógeno en muchas ocasiones se encuentra en forma molecular, H_2. Esta molécula es muy pobre en rayas y bandas intensas. Como parece existir una correlación entre H_2 y la molécula de CO, se estudian las propiedades de ésta para conocer las de aquella. La molécula de CO emite mucho en 2.7 mm, que es por tanto, una de las longitudes de onda más estudiadas por los radiotelescopios de ondas milimétricas.

Las rayas espectrales nos suministran mucha información sobre distintos aspectos físicos de la región emisora (o absorbente). Así por ejemplo, nos permiten determinar:

a) La composición química.—Cada átomo tiene su serie de rayas, con espaciados característicos entre ellas, que permite su identificación.

Figura 1

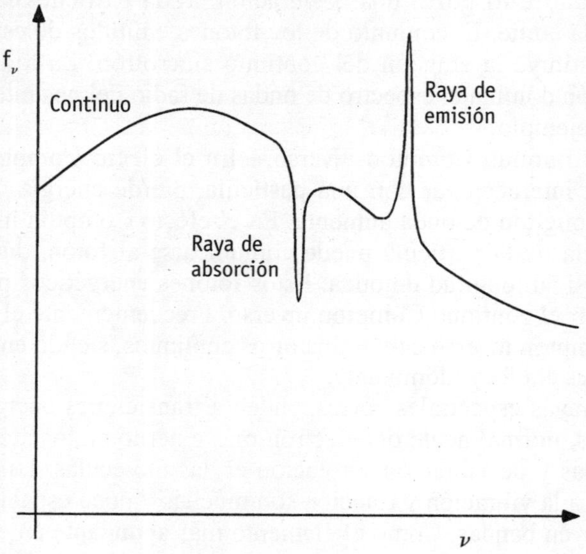

b) La velocidad de alejamiento del objeto emisor.—Debido al efecto Doppler, las rayas no se localizan en su longitud de onda propia, sino en una longitud de onda mayor si el emisor se aleja del observador. En lugar de la longitud de onda del emisor en reposo, λ_0, se encuentra otra, λ, dada por

$$\lambda = \lambda_0 \left(1 + \frac{v}{c}\right) \tag{1.5}$$

siendo v la velocidad de alejamiento (negativa, si es acercamiento) y c la velocidad de la luz. (Esta fórmula es solo válida si $v \ll c$). Así podemos conocer el componente de la velocidad de las estrellas y galaxias en la dirección de la línea de visión (la que une al observador y al objeto observado).

c) Las rayas tienen un ensanchamiento en longitud de onda (no son «rayas» en el sentido literal de la palabra) debido a una serie de causas, siendo destacable el ensanchamiento Doppler. Incluso si el astro no se aleja de nosotros, y por lo tanto no existe un desplazamiento al rojo neto de la línea espectral, unos átomos se acercarán a nosotros, emitiendo algo más azul, y otros se alejarán, emitiendo algo más rojo. El resultado es que la raya sufrirá un ensanchamiento Doppler. El que unos átomos se alejen y otros se acerquen puede deberse a distintos efectos tales como la agitación térmica, la turbulencia, la dispersión de velocidades estelares en una galaxia y la rotación. Si conocemos la dispersión de velocidades, Δv, en estos fenómenos, diferenciando en (1.5), obtendremos la magnitud del ensanchamiento Doppler

$$\Delta\lambda = \frac{\lambda_0}{c}\Delta v \tag{1.6}$$

Un mismo átomo puede producir una raya tanto en emisión como en absorción. La raya es de absorción cuando detrás de la zona donde se produce, existe otra región con un continuo intenso. Entonces, un fotón del continuo es absorbido por el átomo, desapareciendo en esa frecuencia del continuo. Así, la mayoría de los espectros estelares presentan rayas de absorción, pues en el interior muy caliente se produce un intenso continuo térmico, siendo las rayas de absorción producidas en la atmósfera estelar más fría. Los planetas tienen muchas rayas de absorción pues su espectro es básicamente el del Sol reflejado. No obstante, en las atmósferas planetarias puede producirse emisión propia, caracterizada en ocasiones por rayas de emisión. El medio interestelar, sin un intenso continuo detrás, suele caracterizarse por rayas de emisión.

4 Fotometría

Además de las magnitudes fotométricas introducidas hasta ahora, los astrónomos utilizan otras, directa e íntimamente relacionadas con ellas, por tanto innecesarias, vestigios de la historia astronómica. Su uso, aunque un poco irracional, está generalizado, por lo que su inclusión aquí es ineludible. Hiparco (~190 a.C.-~120 a.C., véase Material C2) clasificó las estrellas en 6 categorías, siendo las más brillantes de la primera y las apenas perceptibles de la sexta. Para acomodarse a las apreciaciones de Hiparco, se define la «magnitud», m, de una estrella, mediante la fórmula

$$m = -2.5 \lg \frac{f}{f_0} \tag{1.7}$$

donde f es el flujo recibido en la Tierra y f_0 una constante. Hay que resaltar en esta fórmula el logaritmo (pues más o menos logarítmica era la respuesta del ojo de Hiparco, como la de cualquier humano), el signo menos (con lo cual las estrellas más brillantes tienen menor magnitud, como ocurría en las categorías de Hiparco) y la constante f_0 (que ajusta y hace corresponder la escala de magnitudes a la de Hiparco). La magnitud está íntimamente relacionada con el flujo.

Si una estrella tiene una magnitud muy alta, es decir, se la observa débil, se debe o bien a que está lejos, o bien a que es intrínsecamente débil. Para comparar la luz de las estrellas, eludiendo el efecto de la distancia, se define la magnitud absoluta, M, como la magnitud, m, que tendría la estrella si fuera desplazada hasta situarla a una distancia convencional de 10 pc. (La unidad parsec, abreviadamente pc, se define luego. 1pc = 3.26 años luz = 3.085×10^{18} cm). Su flujo sería entonces (de acuerdo con la fórmula (1.2)) igual a $fr^2/10^2$, y al aplicar (1.7) tendríamos

$$M = -2.5 \lg \frac{fr^2}{f_0 10^2} = m - 5(\lg r - 1) \tag{1.8}$$

donde r ha de medirse en parsec. Mientras que m es medible, M no puede determinarse si no se conoce r. Inversamente, si mediante algún procedimiento, podemos conocer M, esta fórmula nos permite determinar la distancia a la estrella.

El Sol tiene $m = -26.78$ y $M = 4.72$.

La magnitud absoluta está íntimamente relacionada con la luminosidad y resulta sencillo probar (aprovechando que en el Sol, $M_\odot$ y $L_\odot$ se conocen bien; véase Material B5) que

$$M = 4.72 - 2.5 \lg \frac{L}{L_\odot} \tag{1.9}$$

Cuando la fuente es extensa, empleamos la «magnitud por segundo de arco al cuadrado», μ, que está íntimamente relacionada con la intensidad. Se define mediante:

$$\mu = -2.5 \lg \frac{I}{f_0} \tag{1.10}$$

En la práctica, el campo de observación no será precisamente de 1"², dependiendo de las características del telescopio, sino de un ángulo sólido A. Si detectamos m al emplear A, es fácil probar que

$$\mu = m + 2.5 \lg A \tag{1.11}$$

siempre que en cualquier punto de A podamos admitir intensidad constante.

No siempre es conveniente trabajar con espectros con mucha resolución. La fotometría es equivalente a una espectrometría de muy baja resolución. En la fotometría, toda la región visible del espectro se reduce a registrar el flujo recibido en unas pocas longitudes de onda. Se emplean para ello unos filtros centrados en unas pocas longitudes de onda determinadas, con una anchura amplia en longitud de onda. La fotometría puede ser interesante cuando el objeto es muy débil y su luz no puede descomponerse en un número muy grande de intervalos en longitud de onda, o cuando es preferible manejar pocos datos de cada objeto con propósitos estadísticos, o cuando estamos más interesados en la imagen de un objeto extenso, etc.

El más utilizado de los sistemas de filtros fotométricos es el sistema UBV, con sólo 3 filtros, U, B y V, en el rango visible. Sus características vienen dadas en la siguiente tabla.

Nombre del filtro	**Longitud de onda central**	**Anchura del filtro**	f_0 $erg\ s^{-1}\ cm^{-2}\ Hz^{-1}$
U	365 nm	68 nm	1.9×10^{-20}
B	444 nm	98 nm	4.3×10^{-20}
V	548 nm	89 nm	3.7×10^{-20}

Este sistema se ha extendido hacia el infrarrojo con los filtros R, I, J, H, K, L, M, N llegando hasta 10 μm. El filtro V viene a corresponder a la sensibilidad del ojo, aproximadamente. Las letras U, B, V además de ser los nombres de los filtros, denotan la magnitud cuando se utilizan esos filtros. Es decir, $U = m_U$, cuando empleamos el filtro U, $B = m_B$ y $V = m_V$.

Además del flujo de un objeto, nos interesa conocer el «color». Podemos caracterizar de forma inmediata el color definiendo los índices de color U-B y B-V. Así, si una estrella tiene el índice de color U-B muy alto, será una estrella muy roja y si le tiene pequeño será muy azul. Estos índices de color son interesantes por dos cuestiones: a) el color está relacionado con la temperatura. No es incluso difícil demostrar que, en el caso de que el objeto emisor fuera un cuerpo negro, el índice de color sería inversamente proporcional a la temperatura; b) si no fuera por la extinción de la luz debida a los medios atmosférico e interestelar, no completamente transparentes, el índice de color sería el mismo que el que observaríamos si estuviéramos junto a la fuente emisora, no dependiendo de la distancia, como no es difícil demostrar.

Pero la extinción atmosférica produce una disminución del flujo procedente de una fuente, es decir, se observa más tenue, es decir, su magnitud aumenta con respecto a la que observaríamos si estuviéramos fuera de la atmósfera. Naturalmente estamos interesados en esta última y el efecto de nuestra atmósfera es un efecto nocivo que hay que eliminar. La atmósfera terrestre es suficientemente conocida como para saber qué extinción de la luz producirá. Pero ésta es variable, pues depende básicamente de la cantidad de polvo, polen, etc., existente en las capas bajas, cuya densidad depende de las condiciones meteorológicas. Es preferible, pues, aprovechar la propia noche de observación para realizar tal corrección, aprovechando estrellas patrón de luminosidad muy constante. Para ver cómo podemos hacerlo, deduzcamos antes una fórmula que será de interés en otros capítulos.

Supongamos que la luz de un objeto está atravesando un medio no completamente transparente. Al atravesar una distancia dx, se perderá flujo, pasando de f a $f - df$. El flujo perdido df será tanto mayor cuanto mayor sea la densidad de moléculas absor-

Figura 2

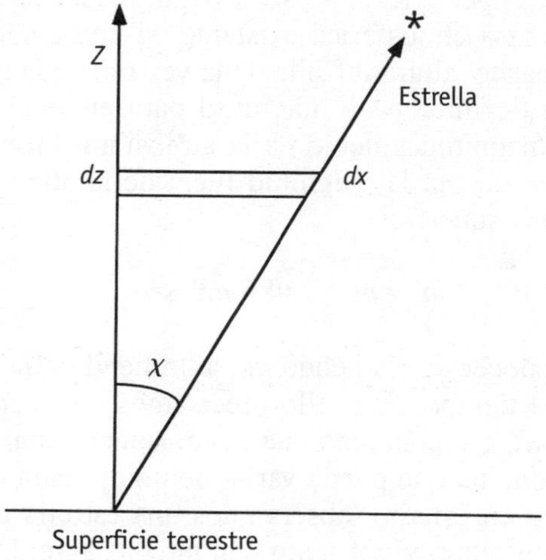

bentes, ρ, y será mayor cuanto mayor sea f. Lo más sencillo es admitir que df es directamente proporcional a f, ρ y dx:

$$df = -\kappa f \rho dx \qquad (1.12)$$

donde κ es una constante, llamada coeficiente de extinción u opacidad. El signo menos indica «pérdida» de flujo.

Particularizando al caso de la atmósfera, es evidente que cuanto más cerca esté el objeto del horizonte, mayor será la extinción (véase figura 2). Se llama «distancia cenital», χ, al ángulo que forman la vertical y la línea de visión. Si en lugar de x, distancia en la línea de visión, usamos z, distancia en la dirección vertical, tendremos $dx = dz \sec \chi$, con lo que la fórmula anterior será

$$df = -\kappa\rho f\, dz \sec \chi \qquad (1.13)$$

fórmula válida solamente para una atmósfera plana, inaplicable por tanto a grandes distancias cenitales. Si en un momento dado χ es constante, como ya supusimos que κ es constante, la integración de esta ecuación diferencial es muy sencilla, proporcionándonos

$$f = f_\infty e^{-\kappa X_0 \sec \chi} \qquad (1.14)$$

donde $X_0 = \int_0^\infty \rho dz$, donde f_∞ es el flujo fuera de la atmósfera y f el recibido en la superficie. A X_0 se la llama «masa de aire» y es la cantidad de masa atmosférica existente en una columna vertical de 1 cm^2 de base y altura infinita. Una vez obtenida esta fórmula, aplicamos la definición de magnitud para encontrar cuál es el aumento en magnitudes debido a la atmósfera. Pronto encontramos que, si m denota la magnitud fuera de la atmósfera y m' la observada en la superficie

$$m' = m + 1.086\ \kappa X_0 \sec \chi \tag{1.15}$$

Queremos conocer m, midiendo m', admitiendo que m pueda ser variable en el tiempo. Para ello precisamos conocer (κX_0). Para determinar (κX_0), suponiendo que es constante durante una noche de observación, aunque pueda variar de un día para otro, además de los objetos en estudio, observamos una estrella patrón de luminosidad constante, y por tanto con m constante. Dejamos que, a lo largo de la noche, como consecuencia de la rotación terrestre, vaya variando la distancia cenital χ de la estrella patrón. Representamos la curva $[m', \sec \chi]$ que debe ser una recta. Ajustada esta recta obtenemos m (ordenada en el origen) y la pendiente (que será igual a 1.086 κX_0), lo que queríamos conocer. Una vez obtenido este valor, podemos determinar m, fuera de la atmósfera, de la fuente objeto de estudio. (Véase figura 3.)

La atmósfera no solo extingue, también modifica el color de la fuente. Esto se debe a que la extinción depende de la longitud de onda. Fácilmente obtenemos que (por ejemplo)

$$(B - V)' = (B - V) + 1.086\ (\kappa_B - \kappa_V)\ X_0 \sec \chi \tag{1.16}$$

La extinción se debe fundamentalmente al «scattering» de Rayleigh, para el cual $\kappa \propto \lambda^{-4}$, siendo λ la longitud de onda. Así el azul, con λ más pequeña, tendrá mayor coeficiente de extinción. Como $\kappa_B > \kappa_V$, en la fórmula anterior vemos que la atmósfera enrojece los astros estudiados, y tanto más cuanto más cerca están del horizonte. En efecto, vemos que el Sol, la Luna, etc., están mucho más rojos cerca del horizonte. En el proceso de «scattering» de Rayleigh, un fotón, al interaccionar con una partícula de polvo, cambia de dirección, por lo que se pierde en la dirección

Figura 3

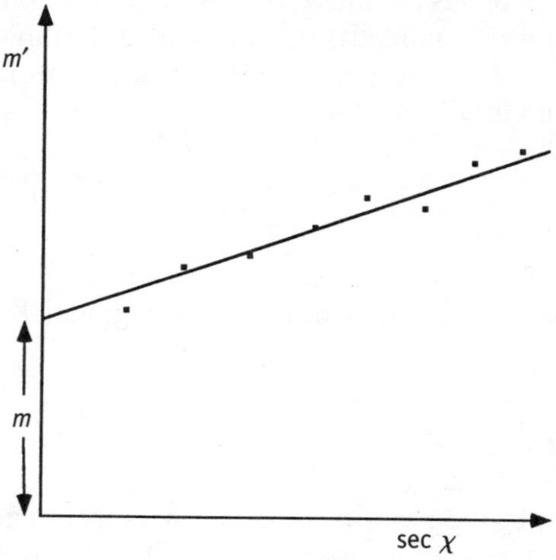

de observación. Cuando la luz del Sol atraviesa la atmósfera, los fotones azules cambian de dirección y se esparcen en todas las direcciones, mientras que los fotones rojos siguen su camino casi sin perturbación. El Sol se enrojece, pero simultáneamente, el cielo adquiere su color azul característico.

También hay una absorción interestelar debido al polvo, con lo cual hay también un aumento en magnitud

$$\Delta m = 1.086\kappa \int \rho dr \sim 1.086\ \kappa\rho r \qquad (1.17)$$

La última igualdad se cumple solamente si ρ puede suponerse constante. Vemos entonces que $\Delta m \propto Cr$, siendo C la constante de proporcionalidad en el visible, del orden de 1 magnitud/kiloparsec aunque es mucho menor en el infrarrojo y mayor en el ultravioleta. La fórmula (1.8) tiene que ser entonces modificada, para añadir este efecto de extinción

$$M = m - 5\ (lgr - 1) - Cr \qquad (1.18)$$

En este apartado nos hemos referido a la fotometría en el visible y en el infrarrojo cercano. Las observaciones en otras longitudes de onda han sido posibles más recientemente y se han liberado del lenguaje de las magnitudes. Los radioastrónomos emplean también sus propias unidades. Como unidad de flujo emplean el Jansky (1 Jy = 10^{-26} *watt* m^{-2} Hz^{-1}) y especifican la intensidad con la «temperatura de brillo»

$$T_B = \frac{\lambda^2}{2k} I_\nu \tag{1.19}$$

(*k* es la constante de Boltzmann) medida en grados Kelvin.

5 Distancias

Para fijar la posición de un astro en un espacio tridimensional podemos dar tres coordenadas polares. Dos de las coordenadas son angulares (véase Material A3), nos indican la dirección en la que se encuentra el astro y son de determinación fácil.

La tercera coordenada es la distancia. Su determinación es mucho más difícil y constituye uno de los grandes logros de la Astrofísica.

Existen muchos métodos, cada uno con su rango válido de distancias. Estos rangos pueden solaparse, con lo cual adquirimos confianza para aplicar métodos válidos a mayores y mayores distancias. Suele hablarse de una «escalera» de procedimientos. Los métodos son los diferentes peldaños y para ascender un peldaño nos afianzamos en el anterior. El primer peldaño empieza aquí, en nuestro planeta, andando con pasos exageradamente largos, simulando con nuestras palmas el movimiento de un gusano u otros medios más sofisticados. El último peldaño nos sitúa en los confines del Universo observable. Lo malo es que los errores se van propagando en cada peldaño y al final la escalera es incómodamente cimbreante. Los errores son grandes, aunque es tan admirable que podamos determinar distancias 10^{29} veces mayores que nuestra estatura, que son perfectamente asumibles.

Eratóstenes, en el siglo III antes de Jesucristo, determinó por primera vez el radio de la Tierra, observando que en Grecia, *G*, la distancia cenital del Sol era χ, cuando en un punto más al Sur, S,

Figura 4

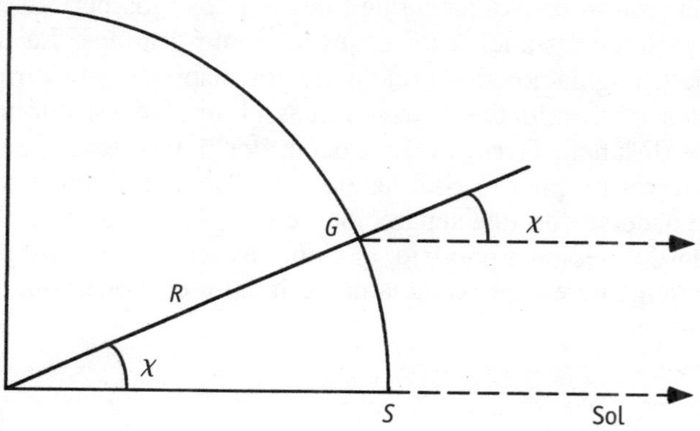

(más al Sur que el trópico de Cáncer) este ángulo era cero (véase figura 4). No tenía más que medir la distancia GS en la superficie terrestre para determinar el radio. Para estimar la distancia GS se informó de ¡los días que tardaban en llegar unos mercaderes con sus camellos! Aun así, la determinación fue notablemente precisa.

Aristarco, uno de los grandes astrónomos de todos los tiempos (Véase Material C2), también en el siglo III antes de Jesucristo, calculó las distancias a la Luna y al Sol. Comenzó calculando la razón de ambas distancias d_L/d_S mediante la determinación del ángulo Luna-Tierra-Sol en un día de cuarto creciente o cuarto menguante, aprovechando que entonces el ángulo Tierra-Luna-Sol es 90°. El Sol resultaba estar mucho más alejado que la Luna, a pesar de que su tamaño angular es muy similar, de medio grado aproximadamente. Con el Sol prácticamente en el infinito, observó la sombra de la Tierra en la Luna durante un eclipse y dedujo que ésta era aproximadamente tres veces más pequeña que aquella. Una vez conocido el tamaño de la Luna, calcular su distancia era sencillo, por lo que entonces también resultaba sencillo calcular la distancia y el tamaño del Sol.

El método más directo para determinar la distancia a una estrella es el de la paralaje, que es básicamente una sencilla triangulación. La diferencia de dirección en la que se ve un objeto, desde dos puntos accesibles, nos proporciona la distancia a ese objeto, r, de forma tanto más sensible cuanto mayor es la base de la triangulación, es decir, la separación entre esos dos puntos. De esta manera, la convergencia de nuestros dos ojos permite al cerebro estimar distancias no excesivamente grandes. La mayor base de triangulación de la que podemos disponer sin salirnos de la Tierra es 2 unidades astronómicas (1 unidad astronómica ≡ 1 AU ≡ distancia Tierra-Sol), es decir, dos puntos extremos de la órbita terrestre, para lo cual las dos medidas desde sus extremos han de hacerse con una separación de 6 meses. El ángulo Tierra-Estrella-Sol se llama paralaje, p. Como es un ángulo muy pequeño, su tangente es aproximadamente igual a él, por lo que podemos escribir

$$p = \frac{r_S}{r} \qquad (1.20)$$

Figura 5

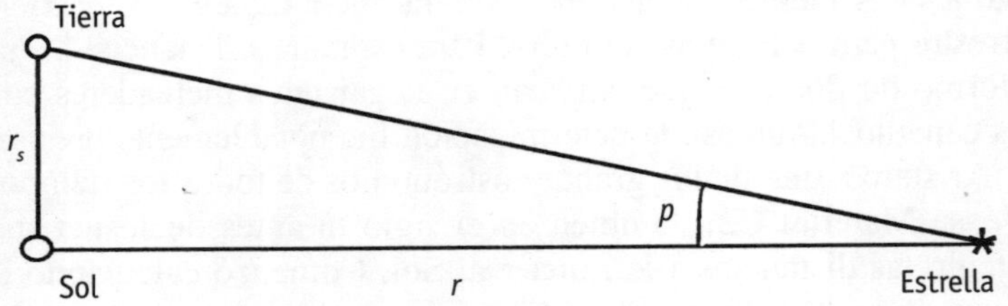

si p se mide en radianes (véase figura 5). Pero si acordamos hacer $r_S = 1$ (en unidades astronómicas) y acordamos medir p en segundos de arco, r seguirá denotando la distancia, aunque medida en una pintoresca unidad llamada «parsec». De esta forma no tenemos más que determinar p, el ángulo de paralaje, en segundos de arco, mediante la semidiferencia de las direcciones de apuntado a la estrella en los extremos de la base de la triangulación, hallar el inverso, y así obtenemos directamente la distancia en parsecs. Definimos concretamente 1 parsec (pc) como la distancia a un objeto desde el cual el radio de la órbita de la Tierra se ve con un segundo de arco. Es sencillo encontrar su equivalencia con otras unidades de longitud

$$1 \text{ pc} = 3.26 \text{ años} - \text{luz} = 206264 \text{ UA} = 3.085 \times 10^{18} \text{ cm} \qquad (1.21)$$

Debido a las limitaciones de los medios de observación, mediante este método, solo se pueden medir distancias de estrellas con paralaje superiores a unos 0.01″, es decir, con distancias inferiores a 100 pc.

No vamos a describir todos los métodos aplicables a mayores rangos de distancias, sino sólo los más destacables.

Uno de los peldaños de la escalera de medición de distancias, tanto desde el punto de vista histórico como actual, es el método de las cefeidas. Las cefeidas son estrellas variables con una curva de luz [f, t] muy característica y son muy brillantes, con M entre –2 y –7, por lo que se reconocen como tales a distancias muy grandes. Su período es de entre 2 y 150 días y se debe a oscilaciones periódicas de su radio, como sucede con otras estrellas variables. Su interés como medidoras de distancia es que existe una relación entre su luminosidad absoluta y su período. Esta relación (perfectamente explicada con la teoría) se ha podido poner de manifiesto con cefeidas cercanas, para las cuales su distancia es conocida, y puede aplicarse a cefeidas lejanas en las que el período se determina muy bien, y por tanto su luminosidad absoluta, lo que nos permite obtener su distancia. Más exacta y más útil para determinar distancias es la relación luminosidad-color-período, del tipo

$$M_V = c_1 + c_2 \lg P + c_3 (B - V) \tag{1.22}$$

donde M_V es la luminosidad absoluta en V, P el período y c_1, c_2 y c_3 constantes con valores típicos $c_1 = -2.61$, $c_2 = -3.76$, $c_3 = 2.60$. Este método nos permite conocer las distancias de las galaxias más próximas, en las que se pueden apreciar cefeidas individuales.

Bastante menos brillantes son las estrellas variables RR-Lyrae, a las que se identifica por su curva de luz característica de período entre 0.4 y 1 días. Las RR-Lyrae tienen una luminosidad absoluta muy constante (M ~ 0.7), independientemente de su período, lo que las convierte también en buenas indicadoras de distancia.

Otro escalón interesante está constituido por la relación de Tully-Fisher, que establece una correlación entre la luminosidad absoluta y la anchura de la raya en 21 cm del espectro de radio de una galaxia espiral. La relación Tully-Fisher no tiene una explicación teórica clara, según veremos en el capítulo de Galaxias. La relación es concretamente así:

$$M = c_1 \lg \left(\frac{W}{\sin i} \right) + c_2 \qquad (1.23)$$

con valores típicos: c_1 = -5.90, c_2 = -4.39. En esta fórmula, i es la «inclinación» de la galaxia, con $i = 0$ para una galaxia «de cara», $i = 90°$ para una galaxia «de perfil». W es la anchura de la raya de 21 cm medida en km/s. Esta unidad puede parecer extraña para caracterizar una anchura de una raya, aunque es muy utilizada. La anchura se debe al efecto Doppler, por lo que la anchura en longitud de onda se traduce fácilmente en anchura en velocidad utilizando la fórmula (1.6). Así por ejemplo, una anchura de 200 km/s en la raya de 21 cm corresponde a 0.014 cm.

Como veremos, las supernovas son estrellas que explotan, haciéndose tan brillantes como toda una galaxia, por lo que pueden apreciarse a distancias tan grandes como 1 Gpc. Se ha observado que existe una relación entre el máximo de luminosidad y el tiempo característico en el que la supernova se desvanece. Como este tiempo de decaimiento puede medirse razonablemente, podemos determinar entonces la luminosidad, y por tanto, utilizar las supernovas como trazadores de distancia.

Finalmente, podemos medir distancias con la ley de Hubble (que veremos) según la cual, la velocidad con que se aleja una galaxia es proporcional a su distancia. Mediante el efecto Doppler, la velocidad se mide muy bien, por lo que puede determinarse en cualquier objeto que contenga rayas espectrales, por lejos que esté. Pero en ocasiones nos interesa medir la distancia y la velocidad de los objetos astronómicos, de forma separada, con objeto de conocer la cinemática del Universo observable, con lo que la ley de Hubble queda, en ese caso, descartada.

2. Estrellas

1 Clasificación estelar

No es difícil clasificar las estrellas. Casi todas pertenecen a la llamada «Secuencia Principal», que consiste en una ordenación gradual de los rasgos y rayas de sus espectros. La Secuencia Principal está formada por los tipos O, B, A, F, G, K y M, pero se pasa de forma continua de uno a otro sin que haya ningún salto ni interrupción. Como sólo hay una fila en la ordenación, podemos pensar que un solo parámetro rige la posición de una estrella en la secuencia. Al querer identificar este parámetro con alguna magnitud física característica de la estrella, se pensó (inicial y erróneamente) que este parámetro era el tiempo de vida. Como reminiscencia de aquella creencia, se siguen llamando «tempranas» a las estrellas de los tipos primeros y «tardías» a las de los últimos. Hoy sabemos que el parámetro que rige la ordenación es la temperatura de la atmósfera estelar, es decir, de la capa más externa que es accesible a la observación.

En efecto, los tipos primeros se caracterizan por rayas de átomos ionizados (la ionización requiere alta temperatura) y los ti-

Figura 6

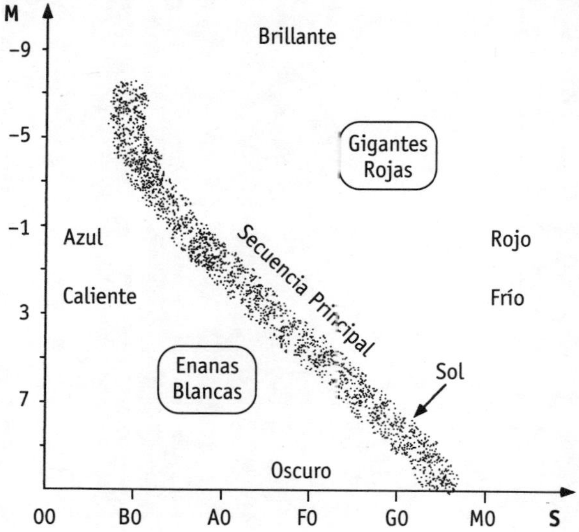

pos últimos contienen moléculas (las frágiles moléculas se disocian con la alta temperatura).

El parámetro S, que nos hace recorrer la Secuencia Principal, es pues una función exclusiva de la temperatura de su parte externa, aunque la escala resulta invertida y no es lineal. La atmósfera de las estrellas O está a 50000 K; la de B a 25000 K; la de A a 15000 K; la de F a 7600 K; la de G a 6000 K; la de K a 5100 K; la de M a 3600 K.

Se puede afinar más y colocar tras la letra del tipo un número del 0 al 9, dividiéndose cada grupo en 10 subgrupos. El Sol es una estrella de tipo G2.

Tenemos dos magnitudes que caracterizan observacionalmente una estrella: su magnitud absoluta, M, y su índice espectral, S. Si representamos un diagrama [M,S] la mayoría de las estrellas están agrupadas en torno a una curva (véase figura 6). A una representación tal, se la llama diagrama Hertzsprung-Russell, o simplemente diagrama HR. En un diagrama HR, el eje M esta invertido de forma que las estrellas luminosas están arriba, las débiles abajo, las frías a la derecha y las calientes a la izquierda.

Figura 7

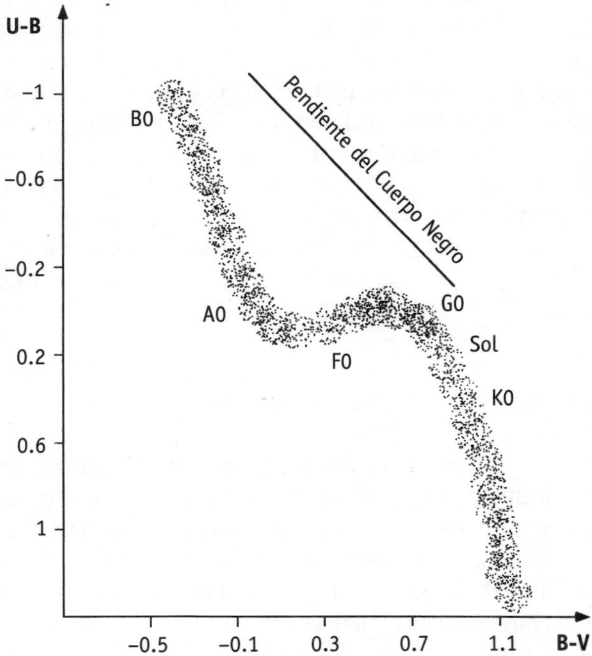

La mayoría de las estrellas están en la Secuencia Principal. Pero las excepciones son importantes también. Por encima en el diagrama HR se encuentran las gigantes rojas; por debajo, las enanas blancas. Las estrellas gigantes rojas son efectivamente gigantes. Si su temperatura es normal, el flujo q que emitan será normal, por ser $q \sim \sigma T^4$; si la energía emitida por cm^2 de superficie es normal, pero su luminosidad es excepcionalmente alta, su superficie debe ser excepcionalmente grande. Al contrario, las enanas blancas son efectivamente enanas, pues su temperatura es normal, su emisión por cm^2 es normal, pero su luminosidad es excepcionalmente baja, luego deben de ser estrellas muy pequeñas.

El problema del diagrama HR es que M no es una magnitud directamente obtenible observacionalmente y, como sabemos, m no se refiere exclusivamente a propiedades intrínsecas de la estrella, sino que depende mucho de la distancia. Por eso se utiliza en ocasiones el diagrama color-color, por ejemplo [U-B,B-V] (figura 7). El enrojecimiento interestelar desplaza a una estrella de su posición intrínseca en la Secuencia Principal, por lo que, en la práctica, este diagrama tiene el aspecto de una gráfica que, con la tinta fresca, hubiera sido emborronada por una mano descuidada deslizándose hacia la parte más fría y oscura del diagrama. Cuanto más lejos están las estrellas, más se separan de la secuencia principal, por efecto de la extinción interestelar. A veces hay confusión: al observar, por ejemplo, una estrella en la zona de las F0, no sabemos si es una F0 cercana o una B5 enrojecida por su lejanía.

2 Estrellas dobles y masas estelares

Con mucha frecuencia, dos estrellas forman un sistema doble, es decir, giran la una con respecto a la otra, debido a su propia gravedad, y se mantienen unidas indefinidamente. No hay sistemas triples debido a que tres cuerpos no tienen en general órbitas estables, con lo cual, una de las tres estrellas puede ser expulsada del grupo. Ni hay sistemas cuádruples, etc.

La única forma de que se forme un sistema triple es que un sistema doble se aparee con otra estrella. Esto parece una frase ridícula pero, para que se dé este caso, la distancia entre las estrellas del sistema doble debe ser muy inferior a la que separa el sistema doble del tercer cuerpo.

Por ejemplo, la estrella Cástor de la constelación de los Gemelos es en realidad un sistema séxtuple, formado por dos sistemas dobles A y B y tal que el sistema A + B a su vez se aparea con otro sistema doble C. Pero las distancias de cada uno de los sistemas dobles A, B y C son del orden de 0.02 UA, la distancia entre A y B es de 83 UA y la distancia entre A + B y C es de 1000 UA. Sólo con estas diferencias de órdenes de magnitud entre los pares pueden formarse sistemas de orden superior a dos.

Los sistemas dobles pueden ser visuales, fotométricos y espectroscópicos. En los sistemas dobles visuales vemos las dos estrellas y cómo giran una alrededor de la otra. En los sistemas dobles

Figura 8

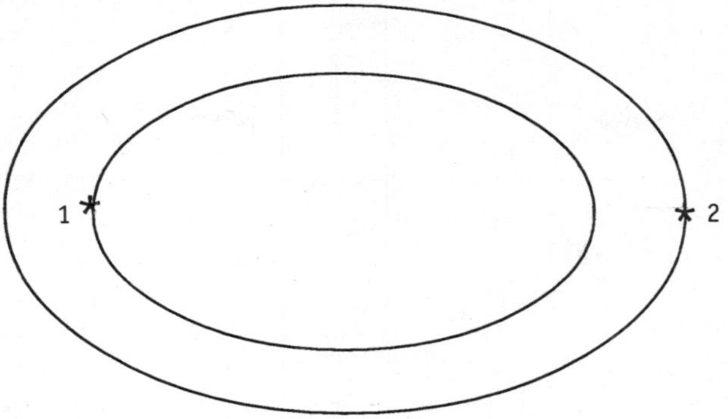

fotométricos sólo vemos una estrella cuya luz, periódicamente variable, se interpreta como el resultado de eclipses mutuos de dos estrellas. En los sistemas dobles espectroscópicos, solo vemos una estrella, pero los desdoblamientos y desplazamientos Doppler de sus rayas espectrales nos hacen pensar que estamos observando los movimientos orbitales de un sistema doble.

El interés de las estrellas dobles es que nos permiten la determinación de las masas estelares, constituyendo el único procedimiento directo de importancia que poseemos. El principio es muy simple. Observando el movimiento de un planeta podemos conocer la masa del Sol. De igual modo, podemos obtener las masas estelares, pero su obtención depende del tipo de estrellas dobles que estemos observando.

a) Estrellas dobles visuales.

Supongamos que el plano de las órbitas es perpendicular a la línea de visión. Observamos que la estrella 1 en la figura 8 describe una elipse de semieje mayor A_1 y la estrella 2 otra con semieje mayor A_2. Además la estrella 2 describe con respecto a la 1 una elipse de semieje mayor $A = A_1 + A_2$. Según la tercera ley de Kepler (véase Material B3)

$$\frac{A^3}{\tau^2} = \frac{G}{4\pi^2}(\mathcal{M}_1 + \mathcal{M}_2) \qquad (2.1)$$

Figura 9

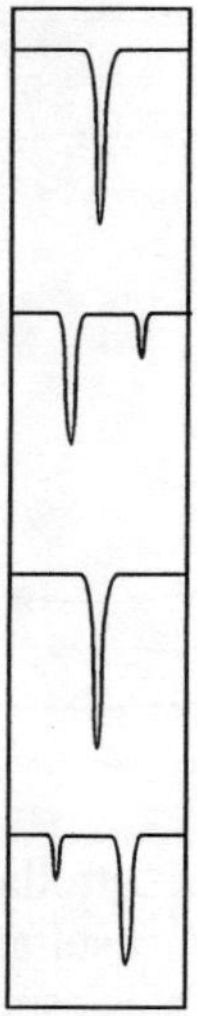

siendo τ el período de las órbitas y $\mathcal{M}_1$ y $\mathcal{M}_2$ las masas de las dos estrellas. Además, podemos considerar que el centro de gravedad tiene una posición inmóvil lo que nos exige que:

$$\frac{A_1}{A_2} = \frac{\mathcal{M}_2}{\mathcal{M}_1} \qquad (2.2)$$

Con estas dos ecuaciones obtenemos

$$\mathcal{M}_1 = \frac{4\pi^2}{G} \frac{A^2 A_2}{\tau^2} \qquad (2.3)$$

$$\mathcal{M}_2 = \frac{4\pi^2}{G} \frac{A^2 A_1}{\tau^2} \qquad (2.4)$$

y el problema está resuelto.

b) Estrellas dobles espectroscópicas.

En la figura 9 observamos cómo una raya espectral se desdobla y sus componentes tienen desplazamientos Doppler opuestos

Figura 10

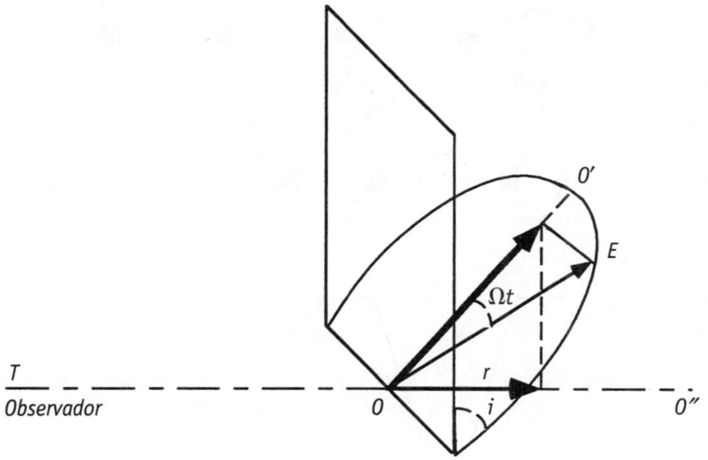

debido al movimiento orbital de las estrellas. Supongamos para simplificar el análisis que las órbitas son circulares y que tienen un ángulo de inclinación i con respecto al «plano del cielo», es decir, al plano perpendicular a la línea de visión. En la figura 10 representamos una de las dos estrellas que forma un ángulo Ωt con respecto a un origen OO' de ángulos en el punto más alejado de la órbita. Claro está que $\Omega = 2\pi/\tau$, siendo τ el período observado. El radio de la órbita es A_1. Mediante el efecto Doppler, solamente observamos el componente de la velocidad en la línea de visión TOO", para lo cual, el radio vector de la estrella OE debe de ser proyectado sobre esta dirección. Primero proyectamos sobre la dirección OO' obteniendo $A_1 \cos \Omega t$ y luego sobre la línea de visión TOO", obteniendo $A_1 \cos \Omega t \sin i$. Si derivamos esta proyección con respecto al tiempo obtenemos el componente de la velocidad de la estrella en la dirección de la línea de visión

$$v_1 = -\Omega A_1 \sin i \sin \Omega t \tag{2.5}$$

que puede compararse con la velocidad observada. Conocemos $v_1(t)$ y Ω pero desconocemos A_1 e i. Según lo previsto, $v_1(t)$ tiene que ser una sinusoide, de la cual obtenemos que su amplitud es

Figura 11

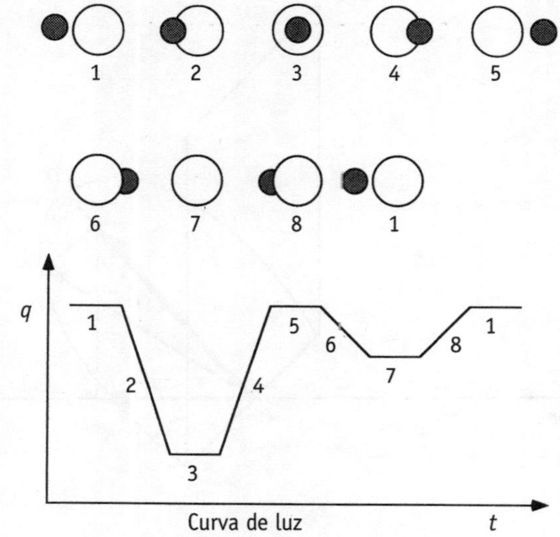

$A'_1 = A_1 \sin i$. Si pudiéramos conocer i ya podríamos utilizar las fórmulas precedentes para calcular las masas, pero nuestros radios ahora van multiplicados por el factor desconocido ($\sin i$).

Por tanto, nuestro resultado no ha sido tan satisfactorio como en el caso de las estrellas dobles visuales: No calculamos $\mathcal{M}_1$ y $\mathcal{M}_2$ sino $\mathcal{M}_1 \sin^3 i$ y $\mathcal{M}_2 \sin^3 i$. Claro que como $\sin i < 1$, algo de información retenemos. Cuando el sistema es a la vez espectroscópico y fotométrico podemos obtener las masas sin ambigüedad pues, si observamos los eclipses mutuos, es que $i \approx 90°$. En este caso, la precisión de la medida de las masas es incluso mayor que la alcanzada mediante los sistemas dobles visuales, pues no se necesita conocer la paralaje.

Como caso particular, podríamos mencionar aquí la detección de sistemas planetarios. Fuera de nuestro sistema solar es difícil detectar directamente un planeta, aunque se ha conseguido. Con más facilidad se ha detectado el movimiento de algunas estrellas inducido por uno o varios de sus planetas. El Sol tiene un movimiento de traslación alrededor de un punto que viene a estar más o menos en su superficie, debido a la atracción que Júpiter ejerce sobre él. Este movimiento es demasiado lento, apenas detectable desde otras estrellas con nuestros instrumentos, pero el movimiento de otras estrellas puede ser mayor. Son ya numerosos los sistemas planetarios detectados.

En general se trata de planetas muy grandes y muy próximos a la estrella, lo que favorece el descubrimiento.

Por ejemplo, 47 Ursae Majoris de tipo G0, con 1.7 $M_{\odot}$ tiene un planeta de 2.4 masas de Júpiter a una distancia de 2.1 UA. Puede entonces calcularse que la velocidad de la estrella inducida por el planeta es de ~46 m/s. La precisión requerida es extraordinaria pero alcanzada mediante técnicas especiales.

c) Estrellas dobles fotométricas.

Supongamos que el sistema doble está formado por una estrella grande y brillante y otra pequeña y menos brillante. En la figura 11 representamos los diferentes eclipses que se observarían al recorrerse la órbita y cómo veríamos la curva de luz [f, t]. Una estrella con una curva de luz así, se llama de tipo Algol, aunque sepamos que, en realidad, se trata de dos estrellas.

Veamos cómo a partir de la curva de luz, somos capaces de obtener los radios de las dos estrellas.

La figura 12 se divide en tres partes. En la primera, vemos la estrella pequeña cuando comienza el eclipse parcial y cuando acaba, desde la perspectiva del observador. En la segunda, la perspectiva es la de un observador situado perpendicular a la órbita (y por tanto también, perpendicular a la línea de visión). En la tercera, representamos la curva de luz señalando los momentos de comienzo y final del eclipse parcial.

Vemos en esta figura que

$$\sin \Omega t_1 = \frac{R_1 - R_2}{A} \tag{2.6}$$

$$\sin \Omega t_2 = \frac{R_1 + R_2}{A} \tag{2.7}$$

Si el sistema es además espectroscópico, ya vimos que se podía determinar A. Como Ω, t_1 y t_2 son observacionales, de estas dos ecuaciones podemos obtener R_1 y R_2 (lo mejor es sumar estas dos ecuaciones para obtener R_1 y restarlas para obtener R_2). En el

Figura 12

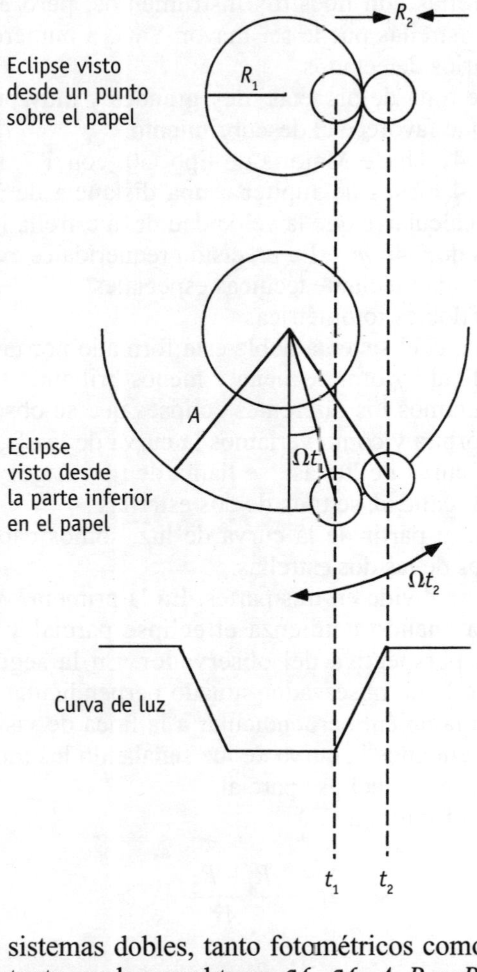

caso de sistemas dobles, tanto fotométricos como espectroscópicos, por tanto, podemos obtener $\mathcal{M}_1$, $\mathcal{M}_2$, A, R_1 y R_2.

d) Relación masa-luminosidad.

Una vez obtenida una buena colección de datos de masas y luminosidades estelares, ha podido comprobarse que hay una relación masa-luminosidad, del tipo

$$L \propto \mathcal{M}^{\alpha} \tag{2.8}$$

donde x es un coeficiente de un valor aproximado de 3, aunque para las estrellas «tempranas» es algo mayor y para las muy «tardías» algo menor. Esta relación tendrá que ser justificada teóricamente después. Desde el punto de vista observacional, puede servir para determinar masas de estrellas que no formen parte de sistemas dobles.

3 Por qué brilla una estrella

Esta pregunta, seguramente nacida en los labios de un homínido hace millones de años, parecía condenada a la inmortalidad. Pero en la Física no hay preguntas sin respuestas, y hoy, los afortunados hombres de este siglo, ya conocemos la de ésta. Hay grandes logros de la Humanidad que no sabemos celebrar. Las estrellas lucen debido a la liberación de energía nuclear, consecuencia de un proceso de fusión. ¿Cómo intentaba la admirable Física del siglo XIX contestar a esta vieja pregunta, si aún no se conocía la energía nuclear?

Se suponía que en el colapso gravitatorio que formó la estrella, la energía potencial se convirtió en térmica; la estrella caliente emitiría luz hasta «gastar» su energía potencial inicial. Este mecanismo se llama de Kelvin, y ciertamente parece muy razonable. La dificultad surge cuando queremos desarrollar cuantitativamente la hipótesis. La energía potencial liberada de la protoestrella hasta formar una estrella como el Sol es GM^2/R, que viene a ser 4×10^{48} erg. La luminosidad del Sol es 4×10^{33} erg/seg, luego si el Sol ha mantenido su luminosidad más o menos constante a lo largo de su vida, ésta habría tenido una duración de 10^{15} segundos, es decir 3×10^7 años. Pero pronto se vio que, no solamente la Tierra, sino alguno de sus fósiles, tenían una antigüedad muy superior a 10^8 años.

No era previsible que la luminosidad del Sol hubiera ido aumentando a lo largo de su historia, sino más bien todo lo contrario, en el caso de que el mecanismo de Kelvin fuera correcto. La prehistórica pregunta seguía dando tumbos.

La teoría de la Relatividad, al reconocer la equivalencia entre masa y energía, y la «explotación» posterior de esta idea, trajeron la respuesta de forma sencilla. La energía disponible ya no era

$G\mathcal{M}^2/R$, sino $\mathcal{M}c^2$ (o más aún, si la luz se hubiera llevado parte de su masa primitiva). Como para el Sol, $\mathcal{M}c^2 \sim 2 \times 10^{54}$ erg, obtendríamos un tiempo de vida típico de 10^{13} años, valor que eliminaba todo tipo de paradojas. El Universo tiene una edad de algo más de 10^{10} años, pero 10^{13} años sería la vida total del Sol, que aún no ha muerto, y además no toda su masa ha de convertirse en luz.

La masa del hidrógeno es prácticamente la masa de un protón; la masa del helio, la de dos protones y dos neutrones. Pero la masa del helio es menor que cuatro veces la masa del hidrógeno: hay un defecto de masa. Este defecto de masa es la energía liberada en el proceso de fusión nuclear 4H $\rightarrow$ He. Perdemos en el proceso el 0.7%. Como el gas protogaláctico estaba mayoritariamente constituido por hidrógeno, este proceso es muy eficiente para proporcionar la luminosidad del Sol. Ciertamente, mediante fusión podemos ir generando átomos más y más pesados hasta llegar al hierro. A partir del hierro las reacciones nucleares son endotérmicas. Nos quitan, más que nos dan, energía.

Pero el defecto de masa en el proceso 14 He $\rightarrow$ Fe es sólo del 0.1%, independientemente de los procesos intermedios que deben proporcionar átomos tan interesantes como C, O y N. Probablemente, estos átomos se han formado así, y no conocemos otro posible origen, pero esto nos resuelve poco el problema de la gran y persistente luminosidad del Sol. Los átomos más masivos que el hierro, como el uranio, se habrán formado en algún sitio, puesto que existen. Probablemente su nacimiento tuvo lugar en explosiones de supernovas, donde disponemos de una gran cantidad de energía.

Si el proceso nuclear principal es 4H $\rightarrow$ He, no tenemos $\mathcal{M}c^2$ como energía disponible, sino solo 0.007 $\mathcal{M}c^2$, que es del orden de 1.4×10^{52} erg, lo que limita la vida del Sol a algo menos de 10^{11} años. (Como no se consume todo, el tiempo de vida del Sol, se estima en 10^{10} años, más bien.) El proceso 4H $\rightarrow$ He puede consistir en sucesivos agregados de protones (proceso pp) o utilizando como catalizadores átomos más pesados (proceso CNO). Nos falta saber cómo se produce la fusión del He y otros átomos. Pero el origen de la energía radiativa del Sol está esencialmente resuelto.

No podemos aprovechar la fusión del hidrógeno para resolver los problemas energéticos humanos, al menos hoy por hoy porque, para que tenga efectivamente lugar, necesitamos un medio con una temperatura de 10^7 K. Claro que indirectamente la estamos aprovechando, pues nuestra fuente de energía básica sigue siendo el Sol, bien la que nos llega hoy, bien la que quedó almacenada en el pasado.

4 El interior de una estrella normal

Suponemos que una estrella nació como consecuencia del colapso gravitatorio de una nube gaseosa protoestelar, de la forma que estudiaremos en el capítulo siguiente. En un principio, debido al mecanismo de Kelvin, la contracción de la protoestrella convirtió energía potencial en térmica, llegándose a alcanzar 10^7 K en el interior. En ese momento, entraron en acción las reacciones nucleares. Admitamos que, una vez alcanzado este estado, la estrella adquiere condiciones estacionarias y estáticas, por lo que nuestras ecuaciones tienen que ser las ecuaciones del equilibrio, que son las cuatro siguientes:

a) *Ecuación del equilibrio hidrostático*

Consideremos una esfera de radio r en el interior de la estrella. En un punto cualquiera de ella, por unidad de volumen, se ejercen dos fuerzas que deben equilibrarse mutuamente, la gravedad y la llamada «fuerza del gradiente» (de presión). Esta segunda fuerza puede ser menos familiar, pero está presente en todo fluido. Si en una región del fluido hay más presión que en otra, el fluido tenderá a moverse de donde hay mas presión a donde hay menos, es decir, en dirección justamente contraria a la del gradiente de presión. La componente radial de esta fuerza (por unidad de volumen) será $-dP/dr$ (y no es esperable otra componente, suponiendo que la estrella tiene simetría esférica) de adentro a fuera, si dentro es mayor la presión. Esta fuerza se equilibrará con otra hacia dentro, como es la gravedad.

Para calcular la fuerza por unidad de volumen en el punto «P» (véase figura 13), aprovechamos un teorema muy interesante de la gravitación: cuando tenemos esta situación con simetría esférica, la fuerza de la gravedad sobre el punto «P» se puede descomponer en dos: la debida a la esfera interna de radio r y la debida al resto exterior. La primera es igual a la ejercida por una

Figura 13

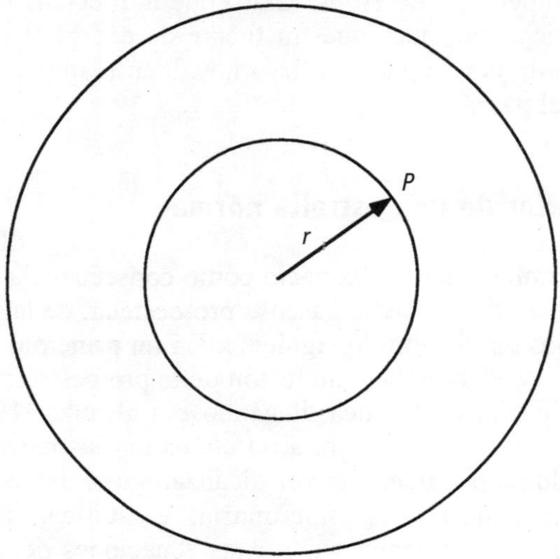

masa puntual situada en el centro, siendo su masa igual a la masa total contenida en esa esfera. La otra fuerza externa es completamente nula. Por tanto, si $M(r)$ es una variable que representa la masa estelar en el interior de una esfera con radio r, la fuerza de la gravedad por unidad de volumen que actúa en «P» es, sencillamente, $GM\rho/r^2$, siendo ρ la densidad. Claro está que M es una variable radial, que no hay que confundir con la masa de la estrella. Únicamente $M(r = R) = \mathcal{M}$. La ecuación del equilibrio hidrostático es sencillamente

$$\frac{dP}{dr} = -\frac{GM\rho}{r^2} \tag{2.9}$$

Hemos introducido la variable $M(r)$, que, en realidad, está relacionada con las otras variables utilizadas, y hay que especificarlo. Si consideramos una capa de cebolla de radio r y espesor dr, ésta tendrá una masa dada por

$$dM = \rho 4\pi r^2 dr \tag{2.10}$$

Figura 14

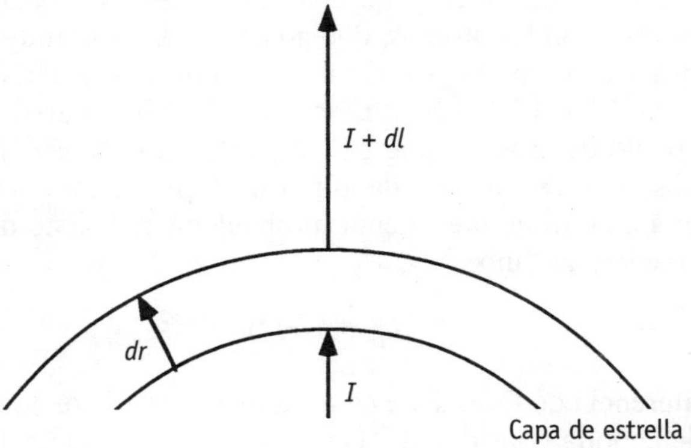

que es la relación buscada. A esta ecuación se la llama (impropiamente) ecuación de continuidad.

b) *Balance energético*

Consideremos nuevamente una capa de cebolla en el interior de la estrella. Introducimos la variable l, función de r, como

$$l = 4\pi r^2 q \qquad (2.11)$$

de sencilla interpretación: $l(r)$ es la energía por segundo que atraviesa una esfera de radio r. Evidentemente $l(r = R) = L$. De la capa de cebolla considerada, sale más que entra, una energía dl por unidad de tiempo (véase figura 14). Esta energía tiene que ser la liberada por las reacciones nucleares que tienen lugar en el interior de la capa. Si llamamos ϵ a la energía nuclear liberada por unidad de masa y tiempo, la energía liberada en la capa será $\epsilon\rho 4\pi r^2 dr$. Por tanto, la ecuación del balance energético es

$$dl = 4\pi\rho\epsilon r^2 dr \qquad (2.12)$$

Hemos supuesto implícitamente que el flujo de energía, q, es de carácter radiativo. En algunas capas, de algunas estrellas, en algunas épocas de su vida, puede tener carácter convectivo (véase Material B9).

c) *Ecuación del transporte radiativo*

Los fotones del interior de una estrella interaccionan tan frecuentemente con los átomos, que no deben de estar muy lejos del equilibrio de cuerpo negro. En un punto de la superficie interna de la capa de cebolla observaríamos un flujo hacia arriba de σT^4. En un punto de la superficie externa de la capa de cebolla observaríamos también un flujo dado por σT^4, pero ahora la temperatura sería algo diferente (menor, probablemente). Esto da lugar a una variación de flujo

$$dq = d(\sigma T^4) \tag{2.13}$$

Esta diferencia de flujo debe de estar asociada a la extinción en la capa de cebolla considerada. Pero ya vimos (ecuación 1.12) que ésta era

$$dq = -\kappa\rho q dr \tag{2.14}$$

Igualando, obtenemos que el flujo

$$q = -\frac{4\sigma}{\kappa\rho} T^3 \frac{dT}{dr} \tag{2.15}$$

Pero en lugar de la variable q estamos utilizando la variable l, luego la ecuación que nos proporciona el transporte radiativo es

$$l = -\frac{16\pi\sigma}{\kappa\rho} r^2 T^3 \frac{dT}{dr} \tag{2.16}$$

Como es de esperar que la temperatura disminuya con el radio, $dT/dr < 0$, obtenemos $l > 0$, como es evidente.

d) *La ecuación de estado*

Tenemos 4 ecuaciones diferenciales (2.9, 2.10, 2.12, 2.16) y en ellas figuran, las variables r, P, M, ρ, l, ϵ, κ, T. Entre estas magnitudes, alguien nos tendría que decir cuánto vale ϵ, que será una función de las otras variables. La liberación de energía nuclear depende mucho de la temperatura y los físicos atómicos nos tienen que decir cuánto vale $\epsilon(T)$. Nos tienen que decir también cómo es la función $\kappa(T)$.

Esta información es algo ajena al planteamiento astrofísico que estamos haciendo. Digamos que la cadena pp implica $\epsilon \propto T^4$, mientras que el ciclo CNO implica $\epsilon \propto T^{20}$. Para κ, podemos suponer que es constante, si no necesitamos una gran precisión, o bien que se trata de la opacidad de Kramer, $\propto \rho T^{-7/2}$.

Supongamos que conocemos entonces ϵ y κ en función de las otras variables que aparecen en nuestras ecuaciones. Imaginemos que queremos conocer el «perfil radial» de estas otras variables, es decir $P(r)$, $M(r)$, $\rho(r)$, $l(r)$ y $T(r)$. Son cinco magnitudes y sólo tenemos cuatro ecuaciones. Hace falta una quinta ecuación. Esta es la ecuación de estado, que liga P, ρ, T. Esta relación depende, sin embargo, de la naturaleza de la materia considerada. Y ¿cuál es la naturaleza de la materia en los interiores estelares? La ecuación de estado más sencilla y con la que estamos más familiarizados es la de los gases perfectos, por lo que vamos a suponer, en principio, que el gas de la estrella es perfecto

$$P = nkT \tag{2.17}$$

(véase Material B4). Esta ecuación relaciona P, n (número de partículas por unidad de volumen) y T. Pero la densidad y el número de partículas por unidad de volumen están relacionadas por

$$\rho = mn \tag{2.18}$$

siendo m la masa de una partícula. Cuando se trata de una mezcla de gases, m es la «masa equivalente» de una partícula de estrella. Cómo calcular ésta y cuáles son sus valores posibles en una estrella, se comenta más adelante. El caso es que la ecuación de estado relaciona p, ρ, y T, y cuando se incluye como ecuación dentro del sistema de ecuaciones que teníamos, nos permite calcular todas las funciones $P(r)$, $\rho(r)$, $T(r)$, $l(r)$ y $M(r)$.

5 Estrellas de la secuencia principal

Vamos a suponer que una estrella «normal» está formada por un gas perfecto. Veremos que esto nos lleva a conclusiones que nos explican muy satisfactoriamente las propiedades de las estrellas de la secuencia principal.

De todas las formas, las mismas ecuaciones que obtengamos, nos llevarán a pensar y nos prevendrán que la ecuación de estado elegida y alguna de las otras ecuaciones no son correctas para otros tipos de estrellas, lo que nos exigirá, por tanto, otro planteamiento.

Nuestro sistema de ecuaciones es el formado por las ecuaciones (2.9), (2.10), (2.12), (2.16) y (2.17). La mayor parte de estas ecuaciones son diferenciales y difíciles de resolver sin recurrir a hipótesis simplificatorias. Por lo tanto, vamos a integrarlas por un procedimiento numérico (véase Material B6). Los métodos numéricos son engorrosos, especialmente en un libro con pretensiones introductorias. Si quisieramos obtener unos resultados precisos, nos veríamos obligados a adoptar muchos pasos de integración. Es ésta una de esas labores que hace muy bien un ordenador, pero nosotros, más que una gran precisión, estamos interesados, de momento, en saber cómo funciona una estrella, cuáles son los valores característicos de las funciones que estamos considerando, especialmente en el interior, completamente inaccesible a la observación.

Si no queremos ser muy precisos, podemos hacer la integración numérica con muy pocos pasos de integración. Cuantos menos cojamos más pronto llegaremos al resultado y de forma más sencilla y rápida podremos reflexionar sobre los mecanismos de una estrella. Los valores encontrados serán sólo aproximados, pero los órdenes de magnitud, fiables. En todo caso, cuando encontremos un valor, podremos contrastarle con los valores correspondientes en el Sol (véanse Materiales B5 y A8), obtenidos por procedimientos más elaborados. En todo caso, haremos un cálculo exploratorio que pudiera servir de base a los modelos más precisos. Atrevámonos a coger el número mínimo de pasos: ¡uno solo!

Un solo paso radial entre dos puntos: uno de los puntos elegidos será el centro de la estrella y el otro la superficie. Los valores de las funciones en un punto intermedio, cuando se necesiten, serán tomados como la semisuma de sus valores extremos en el centro y en la superficie. Los valores centrales tendrán un subíndice cero. Así los valores en el centro y en la superficie serán

$$\begin{array}{ll} M(r=0)=0 & M(r=R)=\mathcal{M} \\ l(r=0)=0 & l(r=R)=L \\ P(r=0)=P_0 & P(r=R)=0 \\ T(r=0)=T_0 & T(r=R)=0 \\ \rho(r=0)=\rho_0 & \rho(r=R)=0 \end{array} \tag{2.19}$$

Puede sorprender, por ejemplo, que $T(r = R) = 0$, cuando hemos dicho anteriormente que la temperatura de la atmósfera de una estrella puede ser, por ejemplo, de 5000 K. Todo es relativo. Es previsible que las temperaturas en el interior sean tan grandes que 5000 K pueda considerarse como un valor prácticamente nulo.

Empecemos a considerar la ecuación (2.10). Allí aparece dM, que al emplear diferencias finitas, será la resta del valor de M en la superficie menos el valor de M en el centro, es decir $dM \rightarrow \mathcal{M} - 0 = \mathcal{M}$, la masa de la estrella. Luego aparece ρ, y para esta magnitud deberíamos adoptar un valor característico en la región del intervalo de integración. Convinimos en adoptar la semisuma, ρ en la superficie, más ρ en el centro, partido por dos, es decir, $\rho \rightarrow (0 + \rho_0)/2 = \rho_0/2$. Igualmente $r^2 \rightarrow ((R + 0)/2)^2 = R^2/4$, pero $dr \rightarrow R - 0 = R$. Con una transformación similar en nuestras cinco ecuaciones obtenemos

$$\mathcal{M} = \frac{\pi}{2} \rho_0 R^3 \tag{2.20}$$

$$P_0 = \frac{\rho_0 G \mathcal{M}}{R} \tag{2.21}$$

$$L = \frac{\pi}{4} \rho_0 \epsilon_0 R^3 \tag{2.22}$$

$$L = \frac{2\pi\sigma}{\kappa\rho_0} R T_0^4 \tag{2.23}$$

$$P_0 = \frac{\rho_0}{m} k T_0 \tag{2.24}$$

Se comprende que las constantes numéricas, como 2 y como π, no son de mucha confianza y podrían sencillamente igualarse a la unidad, aunque las arrastraremos. En cambio, las igualdades entre nuestras distintas magnitudes tienen que ser correctas en órdenes de magnitud, y nos pueden proporcionar datos tan valiosos como T_0, P_0, ρ_0, etc., de los que aún no tenemos idea, o informaciones interesantes sobre los mecanismos físicos de las estrellas. Las dos primeras ecuaciones se juntan en una sola válida para todo tipo de estrellas

$$P_0 = \frac{2}{\pi}\frac{G\mathcal{M}^2}{R^4} \tag{2.25}$$

Como en el Sol $\mathcal{M}$ y R se conocen bien, obtenemos para la presión central solar $P_0 \approx 8 \times 10^{15}$ *dinas/cm*^{2}. Con (2.20) calculamos para el Sol, $\rho_0 = 4$ *g/cm*^{3}. Este valor dista bastante del real obtenido con modelos más precisos ($\sim$160 *g/cm*^{3}), pero en todo caso, llama la atención el que la densidad sea relativamente similar a la densidad de los objetos terrestres. De (2.24) obtenemos

$$T_0 = \frac{G\mathcal{M}m}{Rk} \tag{2.26}$$

ecuación de interpretación sencilla: la energía térmica de un átomo, kT, es igual a su energía potencial $G\mathcal{M}m/R$. Con esta fórmula, obtenemos para el Sol, $T_0 \approx 2 \times 10^7$ K, sólo muy ligeramente superior al valor real de 1.5×10^7 K. Precisamente este valor de $\sim 10^7$ K, es el necesario para que empiecen a tener lugar las reacciones nucleares de fusión del hidrógeno. Esta coincidencia no puede ser casual, y debe de explicarse del siguiente modo.

La estrella nace como colapso gravitacional de una nube gaseosa protoestelar.

Al contraerse se va calentando mediante el mecanismo de Kelvin. Se va calentando hasta llegar a los 10^7 K. En ese momento empieza la combustión del hidrógeno. La combustión del hidrógeno produce un gran calentamiento que conduciría a una expansión de la estrella. Al expandirse la estrella, se enfriaría. Al enfriarse se reducirá la fusión del hidrógeno, la temperatura disminuirá y la gravitación llevará a una nueva contracción que a su vez producirá aumento de temperatura y avivamiento de la fusión. Esto hace que, cuando se alcanzan los 10^7 K, la estrella se equilibra; no puede contraerse más, ni puede expandirse; a lo sumo puede haber oscilaciones del radio y la temperatura. En efecto, vemos que si la contracción fuera mayor que la del equilibrio, se calentaría más de la cuenta por el mecanismo de Kelvin, las reacciones nucleares se intensificarían, y el sobrecalentamiento debido a ellas haría expandirse a la estrella, llegando nuevamente al radio de equilibrio y a una temperatura de $\sim 10^7 K$.

Si esto es así, predecimos que todas las estrellas de la secuencia principal tienen la misma temperatura, igual a poco más de 10^7 K. Esto es efectivamente así.

Pero si T_0 es una constante, la ecuación (2.26) nos dice que, en una estrella de la secuencia principal, $\mathcal{M} \propto R$, siendo kT_0/Gm la constante de proporcionalidad. Por tanto, las estrellas cuanto más masivas son más grandes. Aunque esto no parece una conclusión extraña y destacable, sólo es cierta para las estrellas de la secuencia principal.

Si en la ecuación (2.23) sustituimos ρ_0 por su valor obtenido en la ecuación (2.20) y T_0 por su valor obtenido con la ecuación (2.26), obtenemos

$$L = \frac{\pi^2 \sigma}{\kappa} \left(\frac{Gm}{k} \right)^4 \mathcal{M}^3 \qquad (2.27)$$

donde m es prácticamente la masa del átomo de hidrógeno, pues las estrellas de la Secuencia Principal tienen al hidrógeno como compuesto mayoritario.

Si pudiéramos suponer κ constante, esta ecuación nos diría

$$\mathrm{L} \propto \mathcal{M}^3 \qquad (2.28)$$

de cuya validez observacional y de su interés para estimar la masa de una estrella ya hemos hablado.

Ahora vemos que tiene su justificacion teórica. Si no queremos retener o recordar las constantes de proporcionalidad, podemos recurrir al hecho de que el Sol pertenece a la secuencia principal.

Así:

$$L = cte\ \mathcal{M}^3 \qquad\qquad L_\odot = cte\ \mathcal{M}_\odot^3 \tag{2.29}$$

luego

$$\frac{L}{L_\odot} = \left(\frac{\mathcal{M}}{\mathcal{M}_\odot}\right)^3 \tag{2.30}$$

Vimos que el tiempo de vida de una estrella se calculaba mediante 0.007 $\mathcal{M}c^2/L$, es decir

$$t_* \propto \frac{\mathcal{M}}{L} \propto \frac{\mathcal{M}}{\mathcal{M}^3} \propto \mathcal{M}^{-2} \tag{2.31}$$

Es decir

$$\frac{t_*}{t_\odot} = \left(\frac{\mathcal{M}_\odot}{\mathcal{M}}\right)^2 \tag{2.32}$$

Una estrella de 10 $\mathcal{M}_\odot$ dura 100 veces menos que el Sol, es decir 10^8 años. En realidad para las estrellas muy masivas, el exponente de $L \propto \mathcal{M}^x$ es bastante mayor que 3, por lo que estas estrellas duran en realidad mucho menos, del orden de 10^6 años. Las estrellas muy masivas mueren casi instantáneamente, pues 10^6 años es realmente poco comparado con los 10^{10} años que lleva de vida una galaxia. Ya dijimos que según una nomenclatura histórica desechable, a las estrellas luminosas y calientes se las llamaba «tempranas», pero en realidad, se las debería llamar «efímeras»; y a las poco luminosas y frías se las llamaba «tardías», pero debería llamárselas «duraderas».

Otras relaciones interesantes son $\rho_0 \propto \mathcal{M}^{-2}$; $\epsilon \propto \mathcal{M}^2$; $P_0 \propto \mathcal{M}^{-2}$.

La estrella puede mantener este equilibrio (perteneciendo a la Secuencia Principal) mientras tiene hidrógeno que quemar; al menos, mientras tiene hidrógeno en la parte más interna, donde tienen lugar las reacciones nucleares. Cuando el hidrógeno se acaba, el calor desprendido en la fusión no detiene el colapso, la estrella disminuye de radio y la contracción produce mayor temperatura, hasta llegar a unos 10^8 K. En este momento, comienza la fusión del helio, según el proceso llamado triple-alfa, en el que 3 He $\rightarrow$ C. Esta reacción calienta nuevamente el interior y de nuevo se llega a una situación de equilibrio, que dura mientras la estrella tiene helio en el interior. Como vimos, el helio, aunque se convirtiera íntegramente en hierro, no proporcionaría mucha energía, por lo que la fase de combustión del helio es una fase muy corta.

Luego siguen unas fases aún más cortas y complicadas. La estrella se convierte, por un breve tiempo, en una gigante roja, muy fría y grande, cuyo estado no se analiza bien con las ecuaciones del equilibrio precedentes. Tras la fase de gigante roja, la estrella sigue su colapso gravitatorio, que había sido demorado durante un gran intervalo de tiempo, debido a los procesos nucleares de fusión. Cuando el combustible se agota, la estrella sufre una trayectoria evolutiva que depende mucho de su masa; para una masa normal como la del Sol, tras alcanzar la fase de gigante roja, que supone la última y breve actividad antes de la muerte de la estrella, ésta se contrae hasta que una nueva presión, de la que vamos a hablar, opera a densidades mucho más altas y vuelve a detener el colapso. Se llega así a la fase de enana blanca.

6 Enanas blancas

La presión que aparece cuando la densidad es muy alta es la llamada presión de Fermi de los electrones. Cuando la estrella va aumentando su densidad, consumido ya casi todo su combustible nuclear, llegan los electrones a estar tan juntos que empieza a tener efectividad el Principio de Exclusión de Pauli. Recordemos que en un átomo, el electrón no puede ocupar un nivel energético ya ocupado por otro. En una estrella pasa lo mismo. En el colapso, los electrones se van acercando, pero por el Principio de Pauli no pueden acercarse indefinidamente. Aparece entonces una repulsión entre electrones que puede llegar a evitar el colapso. Cuando la presión de Fermi, de naturaleza cuántica, detiene el colapso, la estrella empieza la fase de enana blanca. Se dice entonces que el sistema de electrones está degenerado, o que una estrella enana blanca es una estrella degenerada de electrones.

Al llegar a esta fase, la combustión fue muy eficiente y la enana blanca está formada por helio o por átomos más pesados que el helio. Tengamos en cuenta, por ejemplo, que por cada átomo de oxígeno, hay 16 electrones libres, por lo que éstos son tantos que son los que fundamentalmente producen la presión de Fermi, y los que llegan a la degeneración antes que ninguna otra partícula.

La degeneración es una consecuencia del Principio de Incertidumbre. Si dos electrones que inicialmente no tuvieran momento alguno se juntaran hasta que estuvieran a una distancia Δx adquirirían un momento dado, p, tal que $p\Delta x \sim h$. Y a este momento surgido como consecuencia del Principio de Incertidumbre, correspondería macroscópicamente una presión, llamada presión de Fermi (véase Material B4).

¿Cómo saber cuándo un sistema de electrones llega a la degeneración? Si el fluido tiene una temperatura T, una partícula por término medio tiene una velocidad del orden de $\sqrt{3kT/m_e}$, siendo m_e la masa del electrón, y por tanto un momento $\sqrt{3m_e kT}$. A este momento, según el Principio de Incertidumbre le corresponde una longitud $h/\sqrt{3m_e kT}$. A una longitud con este orden de magnitud (salvo que está dividida por $\sqrt{\frac{2\pi}{3}}$) se la llama longitud de De Broglie, λ.

Esta es concretamente

$$\lambda = \frac{h}{\sqrt{kTm_e 2\pi}} \tag{2.33}$$

Hay que interpretar esta longitud de onda de De Broglie como aquella tal que si las dos partículas estuvieran separadas por esta distancia, ya se manifestarían efectos cuánticos. Éstos serán despreciables en un sistema cuando la distancia típica entre partículas sea mayor que la longitud de onda de De Broglie.

Para caracterizar la distancia típica entre electrones suele utilizarse la magnitud $n_e^{-1/3}$, siendo n_e el número de electrones por unidad de volumen. El inverso de n_e sería el volumen ocupado por un electrón y su raíz cúbica la distancia entre partículas. Supónga el lector unas partículas dispuestas en una red cúbica y compruebe que efectivamente n_e es el inverso de la distancia entre dos partículas contiguas elevada al cubo. Si las partículas están distribuidas al azar, la mejor forma de definir la distancia típica entre partículas es $n_e^{-1/3}$.

Así pues, si

$$n_e^{-1/3} \ll \frac{h}{\sqrt{kTm_e 2\pi}} \tag{2.34}$$

la degeneración será completa y los efectos cuánticos dominarán la presión. Si ambos miembros son del mismo orden, se habla de degeneración parcial. La hipótesis de degeneración total equivale a una idealización que simplifica el tratamiento de los sistemas de electrones degenerados. Un sistema con temperatura cero siempre está completamente degenerado, por lo que ésta es una simplificación frecuentemente aceptada. Aunque la temperatura de una enana blanca es de unos 5000 K, tanto en el interior como en el exterior (¡las vemos!) suelen tratarse como estrellas con temperatura cero.

Vamos a utilizar un sistema de integración de las ecuaciones diferenciales de una enana blanca, para estudiar su comportamiento, similar al que utilizamos en el caso de las estrellas de la Secuencia Principal. Las ecuaciones (2.20) y (2.21) son ahora válidas también. La ecuación del balance energético (2.22) ya no nos sirve. La razón es que al deducir aquella, despreciamos la conducción del calor como transporte energético. Pero en este caso los electrones corren por entre los núcleos con tanta facilidad como lo hacen en un metal; la conducción térmica es tan eficaz que rápidamente se alcanza el equilibrio y la temperatura es homogénea en el interior de la estrella. Además, ya no hay fusión nuclear; no hay nada que quemar, $\epsilon = 0$. Esta ecuación no nos hace falta, más que para saber que T = cte, aunque realmente ya habíamos supuesto que $T = 0$.

La ecuación (2.23) tampoco nos diría nada, en este caso. Al ser $T_0 = 0$ implicaría $L = 0$. Ciertamente, esto no es verdad, la prueba es que vemos enanas blancas. Pero esta L está originada en una atmósfera muy superficial no degenerada y no tiene ninguna influencia en la estructura interna, salvo que debido a la emisión, la enana blanca irá enfriándose hasta apagarse completamente y convertirse en enana negra, cuando pase mucho tiempo.

La ecuación de estado (2.24) no es válida ahora. No estamos en condiciones de aplicar la ecuación de estado de un gas perfecto, porque nos enfrentamos a un sistema de naturaleza cuántica y temperatura cero. Hay que buscar la ecuación de estado apropiada para este caso.

Podemos aplicar el Principio de Incertidumbre para ello. Si en $\Delta x \Delta p \sim h$ consideramos $\Delta x = n_e^{-1/3}$, aparece un momento $p \approx h n_e^{1/3}$. La presión será (véase Material B4)

$$P = m_e n_e v^2 = m_e n_e \left(\frac{p}{m_e} \right)^2 = \frac{n_e}{m_e} (h n_e^{1/3})^2 = \frac{h^2}{m_e} n_e^{5/3} \quad (2.35)$$

Si hubiéramos hecho un cálculo más riguroso hubiéramos obtenido una presión algo menor: la que hemos obtenido multiplicada por el factor numérico $(1/5)(3/8\pi)^{2/3} \approx 0.0485$, pero lo que más nos importa en la fórmula (2.35) es la dependencia funcional, $P \propto n_e^{5/3}$, y el orden de magnitud aproximado.

La densidad y el número de electrones por unidad de volumen deben de estar relacionados y no son realmente dos variables independientes.

Estamos hablando de estrellas que han consumido casi todo su hidrógeno y casi todo su helio y están formadas por átomos más pesados, es decir, por metales, en la peculiar terminología astrofísica. Se define la masa equivalente de una partícula de una mezcla m, mediante $\sum_i m_i n_i = m \sum_i n_i$. En realidad, es una forma de promediar las diferentes masas de las partículas m_i de la mezcla, teniendo en cuenta que no todos los componentes son igualmente importantes. En una enana blanca metálica, lo que más hay son electrones, pues los metales que la componen están completamente ionizados. Los electrones, sin embargo, tienen muy poca masa, y apenas contribuyen a $\sum_i m_i n_i$, que será igual a $m_x n_x$, denotando el subíndice x el metal mayoritario, carbono, nitrógeno, hierro, etc. Pero para los metales pesados se cumple con bastante exactitud que $m_x = 2Z_x m_H$, siendo Z_x el número atómico del metal genérico x y m_H la masa del átomo de hidrógeno. Calculemos ahora $\sum_i n_i$, que, dada la mayor abundancia de electrones, viene a ser n_e. Pero $n_e = Z_x n_x$, pues la ionización es total. Tenemos entonces que $m = 2m_H$; la masa equivalente de una partícula de enana blanca es el doble de la masa de hidrógeno, es decir, la enana blanca parece tener una masa atómica igual a 2, como el deuterio. Esto puede parecer sorprendente, si como puede llegar a ser, la estrella puede ser de hierro puro, pero la gran abundancia de electrones libres justifica este resultado. Si $m = 2m_H$ y como el número de partículas es prácticamente el número de electrones, tenemos para la densidad

$$\rho = mn = m\sum_i n_i = 2m_H n_e \tag{2.36}$$

Ésta es la relación que queríamos entre ρ y n_e. Obsérvese que hemos obtenido este resultado cualquiera que sea la composición química de la estrella, siempre que su hidrógeno y su helio hayan sido suficientemente quemados, en este avanzado estado de evolución. La ecuación de estado sería finalmente

$$P = K\rho^{5/3} \tag{2.37}$$

donde K es una constante de proporcionalidad, cuyo valor es

$$K = \frac{h^2}{m_e m_H^{5/3}} \frac{1}{5} \left(\frac{3}{8\pi}\right)^{2/3} 2^{-5/3} \approx 3 \times 10^{12} g^{-2/3} cm^4 s^{-2} \tag{2.38}$$

Ya tenemos las ecuaciones para resolver el problema de la estructura de la enana blanca. Estas serán (2.20), (2.21) y la ecuación de estado (2.37) para las condiciones del interior (con P_0 y ρ_0). Con ellas podemos encontrar los valores de P_0, ρ_0 y $\mathcal{M}$ como función de R. Y encontramos $\rho_0 \propto R^{-6}$, $P_0 \propto R^{-10}$ y finalmente

$$\mathcal{M} = \left(\frac{2}{\pi}\right)^2 \left(\frac{K}{G}\right)^3 R^{-3} \tag{2.39}$$

es decir, $\mathcal{M} \propto R^{-3}$. ¡Cuanto más masiva es la estrella, más pequeña es!

Además, si la masa de la enana blanca es de 1 $M_\odot$, por ejemplo, obtenemos con la fórmula anterior que el tamaño típico sería de unos 2600 km. Así pues una enana blanca típica puede tener la masa del Sol ¡pero el tamaño de la Tierra! La densidad de una estrella así sería de $\sim 2 \times 10^6 g\ cm^{-3}$.

Este resultado, de que $\mathcal{M} \propto R^{-3}$ es intranquilizante. ¿Qué pasa si vamos añadiendo más y más masa a la estrella?, esto no es solo un posible experimento mental. En ocasiones la enana blanca tiene una compañera que entra en la fase de gigante roja, con lo cual, parte de la materia de ésta puede ser fácilmente atrapada por el campo gravitatorio de aquella. Entonces, la gigante roja está realmente echando materia que acrecienta la masa de la enana. Según la enana blanca se va haciendo más y más masiva, los electrones recientemente incorporados no pueden posesionarse más que de los estados más energéticos, pues de los menos energéticos se ocuparon los primeros. Llegará un momento en que los electrones tengan tal energía que debamos tratarles como partículas con velocidades próximas a la de la luz, es decir, como partículas relativistas. La estrella enana blanca se convierte entonces en una estrella enana blanca relativista.

7 Enana blanca relativista

La ecuación de estado de una estrella enana blanca relativista es diferente. Como antes, debido al Principio de Incertidumbre, hay un momento de origen cuántico $p \approx hn_e^{1/3}$ que produce una presión (véase Material B4) $P = n_e vp$, pero ahora, como las partículas son relativistas, $v = c$, y tenemos

$$P = chn_e^{4/3} \tag{2.40}$$

Este resultado difiere muy poco del obtenido mediante la Mecánica Estadística por métodos más formales, equivalente a multiplicar el segundo miembro de la ecuación anterior por el factor numérico 0.123. Con la conversión $\rho = 2m_H n_e$, obtenemos como ecuación de estado

$$P = K_R \rho^{4/3} \tag{2.41}$$

donde ahora $K_R = 4.68 \times 10^{14}\ g^{-1/4} cm^3 s^{-2}$, es la constante de proporcionalidad.

Para conocer la estructura de una enana blanca relativista, nuevamente aplicamos el sistema de ecuaciones (2.20), (2.21) y la ecuación de estado (2.41) para encontrar $P_0(R)$, $\rho_0(R)$ y $\mathcal{M}(R)$. Al hacer esta última operación, se encuentra una conclusión desconcertante: la masa de la estrella no depende del radio, es una constante. Con la forma imprecisa con la que estamos operando resulta que esta masa constante sería de 0.23 $M_\odot$. El orden de magnitud es correcto, pero cuando se aplican métodos más rigurosos se obtiene

$$\mathcal{M}_{CH} = 1.4\mathcal{M}_\odot \qquad (2.42)$$

El subíndice *CH* de esta masa recuerda a S. Chandrasekhar, quien obtuvo esta conclusión. $\mathcal{M}_{CH}$ es una constante universal, pues salvo factores numéricos que no afectan al orden de magnitud, es proporcional y aproximadamente igual a $(ch/G)^{3/2}(1/m_H^2)$ que depende sólo de constantes universales. En nuestro experimento mental que consistía en arrojar más y más masa a la enana blanca hasta hacerla relativista, llegamos a un momento en el que no podemos arrojar más masa. Hay un valor límite de la masa de una enana blanca, que es la masa de Chandrasekhar.

Esta masa es una constante, pero actúa como límite superior. La masa de la estrella no puede superar este límite, pero no hay inconveniente en que la masa sea menor: simplemente, la estrella dejaría de ser relativista.

Si la masa es constante, su radio queda indeterminado y, por lo tanto, indeterminadas quedan su presión y densidad interiores. En la figura 15 vemos cómo iría variando el radio de la enana blanca según fuera acrecentando masa. Inicialmente, cuando aún la estrella no es relativista, $R \propto \mathcal{M}^{-1/3}$, luego tendrá una ecuación de estado que no hemos visto, intermedia entre los casos extremos de no-relativista y relativista, y finalmente el tramo vertical corresponde a una estrella relativista pura, donde su masa es la de Chandrasekhar y su radio indeterminado.

Pero ¿cómo es posible que la enana blanca no pueda tener más masa? ¿Qué es lo que puede impedir que el material de una gigante roja compañera caiga indefinidamente sobre la enana blanca y acreciente su masa? O sencillamente, si la masa inicial de la estrella de la Secuencia Principal, antes de gastar su combustible,

Figura 15

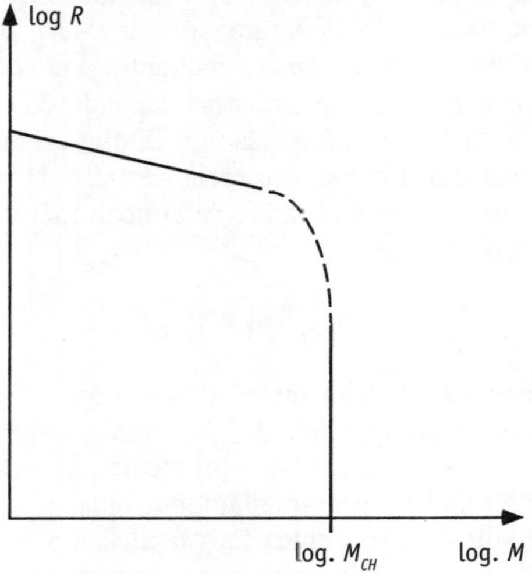

era superior a la masa de Chandrasekhar, ¿cómo hace para desprenderse de la masa sobrante?

Como la masa de una estrella de electrones degenerados tiene un límite, si la estrella tiene más masa que éste, o bien eyecta al espacio la masa sobrante, formando una nebulosa planetaria, o bien cambia de naturaleza: sus electrones se unen a los protones para formar neutrones, con lo que la estrella se convierte en una estrella de neutrones.

8 Estrella de neutrones

Los neutrones, como los electrones y como los protones, son fermiones y el Principio de Exclusión de Pauli también se cumple para ellos. Apliquemos entonces, ingenuamente, las ecuaciones precedentes al caso de los neutrones. Vemos que la masa límite, que dependía sólo de constantes universales, seguirá siendo la misma. Cuando encontramos la mayor diferencia es al calcular el radio. Si la masa de la estrella de neutrones es del mismo orden que la de una enana blanca, vemos ahora que $R \propto K$, y K, al ser calculada de la forma anterior sería ahora m_N/m_e veces más pequeña (siendo m_N la masa del neutrón). Como $m_N/m_e \sim 1800$, si la estrella de electrones tenía el radio de la Tierra, la estrella de neutrones tendría unos 3 km de radio.

La densidad entonces sería del orden de 2×10^{16} g/cm^3. Esta es una cifra escalofriante. Un «terrón» de estrella de neutrones pesaría más que toda la humanidad, según una comparación original de F. H. Shu. Incluso bastante más que la suma de los vivos y los muertos de todos los tiempos. Al obtener este valor de la densidad, comprobamos que, en efecto, fuimos demasiado ingenuos, pues debimos tener en cuenta efectos de curvatura espacial (Relatividad General) e interacciones fuertes entre los neutrones. Esto está fuera del alcance de un libro introductorio.

A pesar de lo cual, nuestros valores no fueron excesivamente malos. El límite de masa, que en el caso de los neutrones se llama de Oppenheimer-Volkov es del orden de 2 $M_\odot$. La densidad es del orden de 10^{15} $g\ cm^{-3}$ y el radio de unos 10 km. La velocidad de escape * es de 2.8×10^{10} cm/s, sólo ligeramente inferior a la velocidad de la luz.

No tiene probablemente mucho sentido hablar del tamaño de un neutrón. Pero si adoptamos el valor de 10^{-13} cm, como es habitual, resultaría que un neutrón tendría una densidad de 4×10^{14} $g\ cm^{-3}$. Este valor es comparable a la densidad de una estrella de neutrones, con lo que resulta una imagen ingenua de una estrella de neutrones, como aquella formada por neutrones tan juntos que «contactan» unos con otros. Las interacciones fuertes no son, por tanto, nada despreciables.

Desde el punto de vista observacional, las estrellas de neutrones se identifican con los «púlsares». El más notable es el del Cangrejo, situado en el lugar en el que los astrónomos chinos descubrieron en el año 1054 una supernova. Se trata de una emisión en radio muy periódica, con un pulso cada 0.033 segundos. Es tentador identificar este período con el de rotación y algo que

* Se denomina velocidad de escape a la velocidad que ha de adquirir un grave para escapar del planeta o estrella donde se halle. Para ello tiene que tener una energía cinética $^1/_2\ mv_e^2$ (siendo v_e la velocidad de escape) igual a la energía potencial GMm/R, siendo M y R la masa y el radio del planeta o estrella, luego $v_e = (2GM/R)^{1/2}$.

gire tan rápido solo puede ser un objeto muy compacto. Por la conservación del momento cinético, cuando una estrella sufre una contracción su velocidad angular aumenta, conservándose constante el producto $R\omega$, siendo ω la velocidad angular. Así por ejemplo, el Sol tiene ahora una velocidad angular de rotación de $\omega_{\odot} = 3 \times 10^{-6}\ rad\ s^{-1}$, correspondiente a un período de unos 24 días (es un valor medio, pues la rotación es diferencial; depende de la latitud). Cuando llegue a la fase de enana blanca, su período será de unas 5.5 horas y si llegase a ser una estrella de neutrones (lo que no ocurrirá, según nuestros conocimientos de evolución estelar) tendría un período de unos 30 segundos, comparable ya al período de un púlsar.

El mecanismo de emisión del pulso está asociado al hecho de que el campo magnético no es paralelo al eje de rotación. Los electrones se mueven a lo largo del campo magnético, lo que detectamos sólo en un momento muy pequeño de la rotación. Pero la explicación detallada queda fuera de nuestro propósito introductorio. Hay electrones libres únicamente en la parte más externa de la estrella de neutrones.

Una estrella grande, con una masa superior al límite de Oppenheimer-Volkov, eyecta la masa sobrante mediante una explosión de supernova, por lo que los púlsares se encuentran en el centro de una nebulosa que se interpreta como un Resto de Supernova.

9 Estrellas masivas

En una estrella de la Secuencia Principal, de masa intermedia, la presión de radiación no influye prácticamente nada en el equilibrio hidrostático.

Pero como $L \propto \mathcal{M}^x$, siendo $x \approx 4$, para estrellas muy grandes, la luminosidad es tan alta, que los fotones en su salida empujan a la materia de la atmósfera constituyendo una importante fuerza expansiva, que puede llegar incluso a deshacer la estrella. Por esta razón no existen estrellas con una masa mucho mayor que la del Sol. Si existieran durarían muy poco; recordemos que el tiempo de vida de una estrella es proporcional a $\mathcal{M}^{1-x}$ (fórmula 2.32. En ella se consideró $x = 3$), proporcional a $\mathcal{M}^{-3}$ para estrellas grandes. Pero es que además, no existen, pues la presión de radiación las desintegrarían. Más bien, la pregunta clave es ¿cuál es la mayor masa posible de una estrella?

Vimos que debido a la absorción se perdía un flujo de energía radiativa $\kappa q \rho$ en un volumen de sección unidad y altura (en dirección radial) unidad, en la unidad de tiempo (1.12). El número de fotones perdidos será $\kappa q \rho / h\nu$. Cada fotón lleva un momento $h\nu/c$. La pérdida de momento por unidad de tiempo es la fuerza hacia afuera debida al flujo radiativo. Por tanto, la fuerza que actúa sobre el elemento de volumen es $\kappa q \rho / c$. En la superficie, la otra fuerza centrípeta a vencer es la gravedad $G\mathcal{M}\rho/R^2$. Cuando estas dos fuerzas de sentido contrario sean iguales en módulo, tendremos las condiciones físicas de la más grande de las estrellas

$$\frac{G\mathcal{M}\rho}{R^2} = \frac{\kappa q \rho}{c} \tag{2.43}$$

Para masas mayores, la estrella sería inestable y su atmósfera sería eyectada. Se dice también que la luminosidad de una estrella así es la «luminosidad de Eddington». Como $q = L/4\pi R^2$ y $L \propto \mathcal{M}^x$, si admitimos $L_\odot \propto \mathcal{M}_\odot^x$, con el mismo valor de x

$$\left(\frac{\mathcal{M}}{\mathcal{M}_\odot}\right)^{x-1} = \frac{4\pi c G}{\kappa} \frac{\mathcal{M}_\odot}{L_\odot} \tag{2.44}$$

Si $x \sim 3$, tendríamos $\mathcal{M} \sim 23\mathcal{M}_\odot$. Si $x \sim 4$, $\mathcal{M} \approx 112\mathcal{M}_\odot$. En realidad, este límite de Eddington pudiera estar en torno a $\mathcal{M} \sim 50\mathcal{M}_\odot$. Con masas algo menores, las estrellas eyectan un gran flujo de materia (del orden de $10^{-6}\mathcal{M}_\odot$/año, una estrella de 30 $\mathcal{M}_\odot$) y presentan inestabilidades y oscilaciones. Las llamadas Wolf-Rayet son estrellas que han perdido su envoltura más externa, y son extraordinariamente calientes.

10 Enanas marrones

Si la masa de una estrella de la Secuencia Principal tiene un límite superior también le tiene inferior. Si una proto-estrella es demasiado pequeña, el colapso inicial seguido del calentamiento por el mecanismo de Kelvin puede quedar interrumpido antes de que se alcance la secuencia principal, es decir, antes de que comiencen las reacciones de fusión, es decir, antes de que se alcancen en el interior 10^7 K. Lo que puede detener la contracción es la degeneración. Hemos visto cómo una estrella puede degenerarse una vez agotado su combustible. Ahora decimos que se puede degenerar antes de quemar nada de su combustible, si su masa es suficientemente pequeña.

La ecuacion (2.34) nos dice cuándo se produce la transición a la degeneración, pero en esta ecuación aparece n_e, que estará relacionado con la densidad.

Busquemos antes esta relación. Para una estrella que no ha llegado a la Secuencia Principal, que es casi hidrógeno puro ionizado, una mezcla de protones y electrones libres (con bastante helio también, es cierto), la masa equivalente sería $m = (\sum_i m_i n_i)/\sum_i n_i$, donde $\sum_i m_i n_i \sim m_H n_e$ y donde $\sum_i n_i = 2n_e$, pues hay el mismo número de protones por unidad de volumen que de electrones. Luego la masa equivalente sería $m = m_H/2$, es decir, la «media» de las masas del protón y del electrón, despreciando ésta frente a aquella. Así pues el límite sería

$$\rho = m_H \frac{(2\pi k m_e)^{3/2}}{h^3} T^{3/2} \qquad (2.45)$$

Las estrellas (que quizá ni merezcan este nombre) que no llegan a producir reacciones nucleares, porque antes la degeneración detiene el colapso, se llaman «enanas marrones». La más grande de las enanas marrones, o lo que es lo mismo, la mas pequeña de las estrellas de la Secuencia Principal, o lo que es lo mismo, la mas pequeña de las enanas blancas, cumplirá esta condición, cuando T llegue a ser precisamente 10^7 K. En este caso obtenemos $\rho = 126\ g/cm^3$. Como es, después de todo, una estrella de la Secuencia Principal, podemos todavía utilizar las ecuaciones que vimos para ellas. Con la ecuación (2.26) y la (2.20), por ejemplo, obtenemos que este límite inferior es del orden de $0.07\ \mathcal{M}_\odot$.

No es de extrañar que las estrellas pequeñas se degeneren pronto. Ya vimos que en las estrellas de la Secuencia Principal $\rho_0 \propto \mathcal{M}^{-2}$, es decir las estrellas más pequeñas son más densas. De hecho, los planetas gigantes del Sistema Solar tienen un interior parcialmente degenerado.

11 Evolución estelar

Hemos visto con cierto detalle cuatro tipos de estrellas en equilibrio: secuencia principal, enanas blancas, enanas blancas relativistas, y estrellas de neutrones. También hemos visto los límites superior e inferior de masas, desde las supermasivas a las enanas marrones.

Hablemos ahora de etapas intermedias buscando además un esquema evolutivo, teniendo en cuenta que la historia de la estrella depende básicamente de la masa. Inicialmente la protoestrella está formada por H_2 como componente fundamental y algo de He, pero según va contrayéndose va calentándose. Primero el H_2 se disocia (a ~1800 K), luego se ioniza el H (a ~10^4 K) y finalmente se ioniza el helio.

La disociación del H_2 y la ionización del H y del He requieren energía por lo que durante estas transiciones el calentamiento se detiene durante un intervalo de tiempo no muy grande, aunque el calentamiento global es inexorable. La fase previa a la secuencia principal es complicada y de difícil observación por estar las estrellas frecuentemente envueltas en la nebulosa de la que surgen.

En algunas capas de algunas fases evolutivas de algunas estrellas, el transporte de energía de dentro a fuera no es radiativo, sino convectivo, según iremos viendo. Esto ocurre, en general, cuando el componente vertical del gradiente de temperatura es muy alto, pues es este gradiente lo que desencadena la inestabilidad y la convección (véase Material B9). Las estrellas que aún no han llegado a la secuencia principal son convectivas en todas sus capas. La razón es que su temperatura es aún baja y la opacidad de Kramer, que decrece con la temperatura según $T^{-7/2}$, es aún alta. Los fotones no salen fácilmente, elevándose el gradiente de temperatura hasta la generación de movimientos convectivos.

Esta convección parece salirse incluso de la estrella. Así, las estrellas T Tauri, que son estrellas recién nacidas, parecen presentar tanto eyecciones como caídas de material, siendo éstas seguramente parte del material que fue previamente eyectado. La

Figura 16

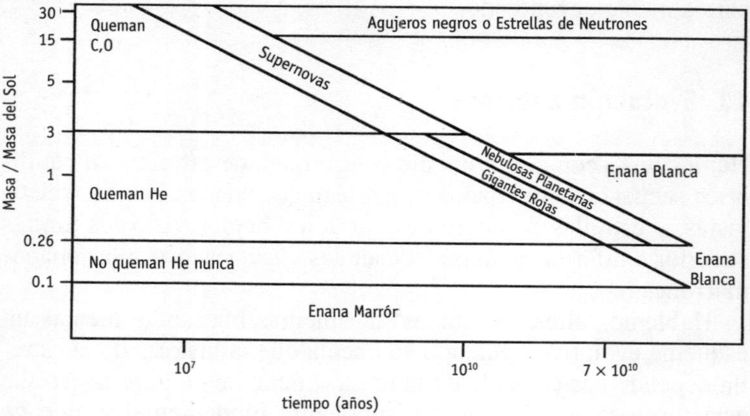

eyección forma un viento T Tauri. Nuestro Sol pasó probablemente por esta fase y el viento T Tauri debió de jugar un papel importante en la evolución del Sistema Planetario, barriendo las atmósferas extensas de hidrógeno de los planetas internos. El viento solar actual, plasma eyectado en la actualidad por el Sol, es menor, pero de la misma naturaleza que el viento T Tauri. Este intenso viento interacciona con el medio interestelar adyacente produciéndose en ocasiones puntos brillantes alrededor de las estrella, llamados objetos Herbig-Haro.

Las estrellas masivas tardan poco en llegar a la Secuencia Principal. Una estrella de 15 $M_{\odot}$ tarda unos 60000 años. En cambio, una estrella de 0.1 $M_{\odot}$ tarda del orden de 10^8 años. El comienzo de la secuencia principal está definido por el comienzo de la fusión nuclear, plenamente establecida cuando la temperatura es de unos 10^7 K, aunque algo antes, quizá a 4×10^6 K, ya empieza a producirse.

La evolución estelar depende de la masa, como vemos en la figura 16. En ella puede apreciarse cómo, aproximadamente, el logaritmo del tiempo de vida de una estrella depende linealmente del logaritmo de su masa, con una pendiente –2, aunque esta figura es más un esquema orientativo que una gráfica cartesiana.

Las estrellas masivas, al producir una gran cantidad de energía en el núcleo, tienen un fuerte gradiente de temperatura provocando una convección muy activa que prevalece, como mecanismo de transporte de energía. Los núcleos de las estrellas masivas son convectivos. La envoltura más externa, en donde no se produce la fusión, es radiativa. Al contrario, en una estrella de baja masa, como puede ocurrir en el Sol, el núcleo es radiativo y la envoltura convectiva. En efecto, en la envoltura de una estrella pequeña la temperatura es baja y la opacidad grande. En la superficie del Sol, se ven perfectamente las células de convección a distintas escalas, originadas en zonas relativamente poco profundas.

El final de la combustión del hidrógeno en el núcleo acarrea el abandono de la secuencia principal. En una estrella enana marrón de menos de $\sim 0.1\ M_{\odot}$, la degeneración precoz impide la combustión del hidrógeno, como vimos. De igual forma, en una estrella de menos de $\sim 0.25\ M_{\odot}$, una vez agotado su hidrógeno, la degeneración impide que se alcancen los 10^8 K necesarios para quemar helio. La estrella muere como enana blanca de helio e irá apagándose paulatinamente hasta llegar a ser enana negra. Cuanto mayor sea la estrella, más difícilmente la degeneración evitará la combustión de helio y metales. Si la masa es inferior a 3 $M_{\odot}$, la estrella no quema más que hidrógeno y helio. Las estrellas más masivas queman además nitrógeno, carbono, etc. Una estrella descomunal, de 30 $M_{\odot}$, llega a ser una estrella de hierro, al menos a poseer un amplio núcleo de este metal. Si la masa es relativamente grande pero inferior a 3 $M_{\odot}$, las estrellas acaban como enanas blancas de carbono y oxígeno. Si la masa es mayor que $\sim 3\ M_{\odot}$, el final como enana blanca no es previsible. Probablemente, una enana blanca suficientemente fría llega a la cristalización, por lo que son concebibles estrellas de diamante. (La figura 16 muestra un esquema de la evolución estelar en general.)

Si la estrella no es extraordinariamente masiva ($M \leq 3\ M_{\odot}$), aparece un núcleo de helio, rodeado de una capa intermedia en la que se quema aún hidrógeno. El radio del núcleo crece a medida que se va formando más helio, y la capa de combustión del hidrógeno se sitúa a mayores radios. Se produce un aumento del radio de la estrella que entra en fase de «gigante roja». El radio se hace igual a $\sim 50\ R_{\odot}$. El núcleo de helio está degenerado casi completamente cuando finalmente empieza la contracción inexorable. El núcleo se va calentando y llega a los 10^8 K necesarios para la combustión del helio. La temperatura aumenta más. En una estrella de la secuencia principal, como vimos, la temperatura se regula mediante una expansión y ahora debería de estacionarse a 10^8 K. Pero, una estrella degenerada no se expande, por el hecho de estar excesivamente caliente, con lo cual la energía liberada en la combustión del helio se invierte en seguir aumentando la temperatura. Este aumento es casi repentino. Cuando la temperatura es suficientemente alta, como vimos, la estrella se «desdegenera» bruscamente. Bruscamente recupera su capacidad de expansión. Esta expansión reprimida, bruscamente permitida, es una explosión, llamada «explosión del helio», y llevaría a la completa destrucción de la estrella si no fuera absorbida y mitigada por la envoltura fría de la estrella. La configuración posterior, un núcleo de helio produciendo carbono, rodeado por una capa de hidrógeno produciendo helio es inestable. La presión de radiación muy intensa expulsa material en forma de lo que se llama «nebulosa planetaria». La eyección de una nebulosa planetaria es del orden de 10^{-6} $\mathcal{M}_{\odot}/año$. Gracias a esta expulsión, pueden morir como enanas blancas estrellas que inicialmente tenían una masa superior a la de Chandrasekhar.

Si la estrella es aún más masiva la densidad central es menor (recordemos, $\rho_0 \propto \mathcal{M}^{-2}$, en la secuencia principal) por lo que el núcleo no se degenera y la combustión del helio no se inicia de forma explosiva. En cambio se puede producir una explosión del carbono o del oxígeno que lleva a una supernova. Para masas entre 3 y 15 $\mathcal{M}_{\odot}$ esta explosión es capaz de destruir completamente la estrella.

En una estrella muy masiva, al final de su etapa en la secuencia principal, se encuentra un núcleo de hierro incombustible rodeado de capas de material combustible, sucesivamente de silicio, carbono, oxígeno, helio e hidrógeno. La parte interna sufre el colapso, y la energía gravitatoria liberada se invierte en parte en disociar al hierro en sus protones y neutrones, y el colapso persiste hasta la degeneración de los neutrones.

El colapso afecta también a las capas combustibles superiores, la temperatura aumenta bruscamente y aumentan bruscamente las reacciones de fusión. Se forma así una explosión de supernova, aunque las partes más internas acaban formando una estrella de neutrones. Si la masa residual es superior a la de Oppenheimer-Volkov la presión de Fermi de los neutrones no es capaz de detener el colapso y la estrella se convierte en un agujero negro.

En una supernova la temperatura es del orden de 5×10^9 K. La explosión tiene una energía de 10^{51} erg. El aumento en magnitudes es de -18, de forma que una supernova llega a ser tan brillante como toda la galaxia que la alberga. Se producen también gran cantidad de neutrinos ($\sim 10^{58}$) con una temperatura del orden de 10^{10} K. Las grandes temperaturas involucradas permiten la formación de núcleos más pesados que el hierro, como resultado del encuentro de un núcleo de la parte externa con un neutrón del núcleo de la estrella con el hierro ya disociado. Solamente en las explosiones de supernovas se forman núcleos más masivos que el hierro.

Nos hemos referido aquí a las supernovas que resultan de estrellas masivas, que mueren casi nada más nacer, llamadas también supernovas de tipo II. Cuando una estrella enana blanca perteneciente a un sistema binario, adquiere bruscamente masa procedente de su compañera, se produce una explosión de supernova, llamada de tipo I. Los intercambios de masa entre las dos estrellas de un sistema binario constituyen un proceso complejo que depende de las masas y separación iniciales.

12 Agujeros negros

Un agujero negro puede ser, pero no solamente es, el resultado de la muerte de una estrella muy masiva. Cualquier objeto puede adquirir la condición de agujero negro siempre que su tamaño llegue a ser suficientemente pequeño.

Por tratarse de un objeto compacto, la Mecánica de Newton no sirve. Su descripción corresponde a la Relatividad General, y está por lo tanto reservada a tratados de mayor nivel. La Relatividad General debe ser utilizada cuando GM, siendo M la masa del sistema, es comparable o mayor que c^2R, siendo R su radio. Y esto ocurre en un agujero negro.

Podemos acercarnos al problema desde el punto de vista clásico. De hecho, la Mecánica Newtoniana ya preveía su existencia, pues si un cuerpo se hacía pequeño, su autogravitación aumentaba, lo que llevaba a mayor reducción y ésta a mayor autogravitación, etc., hasta llevar a la concentración de la masa original en un punto matemático. Pero incluso antes de llegar a esta situación, la velocidad de escape $(2GM/R)^{1/2}$ irá haciéndose cada vez mayor hasta que llegue a igualar a la velocidad de la luz. Entonces, la luz no podrá escapar del objeto, y por lo tanto, nada podrá escapar. Cuando el radio sea el llamado de Schwarzschild

$$R_{Sch} = \frac{2GM}{c^2} \tag{2.46}$$

tendremos un objeto al que todo puede caer y del que nada puede salir.

Las propiedades del espacio-tiempo en las proximidades de la superficie de Schwarzschild son muy peculiares. Así por ejemplo, si dejamos caer nuestro reloj a un agujero negro, veríamos que sus agujas irían cada vez más lentas hasta detenerse completamente al llegar a la superficie de Schwarzschild.

Un agujero negro no tiene por qué ser pequeño. Vemos con la fórmula anterior que el radio de Schwarzschild es 0.1 pc para un agujero negro con una masa de $10^7\ M_\odot$, como el que puede haber realmente en el centro de algunas galaxias. Incluso caben, y nada nos dice que no estén allí realmente, bastantes estrellas en el agujero negro sin que tengan que perder su condición de tales. Una masa como la del Sol tiene un radio de Schwarzschild de $\sim$3 km, y el mismo Sr. Schwarzschild si fuera suficientemente compactado tendría un radio de Schwarzschild de 10^{-23} cm.

Estos son los llamados agujeros negros de Schwarzschild, con simetría esférica y con la masa como único parámetro para caracterizarles. Los agujeros negros de Kerr tienen además momento cinético. Y los de Kerr-Newmann tienen además carga eléctrica.

3. Galaxias

Como definición somera y provisional, digamos que una galaxia es un conjunto muy grande de estrellas que se mantienen unidas por su autogravitación, es decir, por la gravitación creada por el conjunto de todas ellas. Nuestro Sol (una estrella típica) está en nuestra galaxia a la que llamamos Vía Láctea (una galaxia típica), que contiene además del orden de otras 10^{11} estrellas.

Hay meras asociaciones angulares de estrellas, que ni forman una unidad física ni están sometidas a la autogravitación. Muchas de ellas recibieron nombres en épocas históricas, incluso prehistóricas, que aún subsisten; son las constelaciones. La Astronomía profesional aún utiliza las constelaciones para caracterizar la toponimia del firmamento. Así, llamamos Coma a un cúmulo de galaxias, ignorando cualquier relación con la mitológica cabellera de la hermosa Berenice. La eclíptica, camino aparente de todos los objetos del Sistema Solar, atraviesa unas constelaciones llamadas Signos del Zodíaco, unidos injustificadamente a los destinos del hombre por la incultura científica popular. Las constelaciones, evidentemente, no tienen interés científico.

Hay algunas asociaciones estelares que, aunque sí son asociaciones físicas, no se llaman galaxias. Así son los cúmulos globulares (formadas por unas $10^5 - 10^6$ estrellas viejas, con una distribución esférica muy regular) y los cúmulos abiertos (formados por unas mil estrellas más jóvenes, con distribución informe). Mantiene la unión de las estrellas, en los primeros la autogravitación, y en los segundos, el hecho de que nacieron juntas y no han tenido aún tiempo de separarse. Ambos tipos de cúmulos están en el seno de las galaxias, por lo que se consideran parte de ellas.

Las estrellas nos parecen puntuales, salvo mediante algunas técnicas especiales y salvo el caso del Sol. Las galaxias en cambio aparecen extensas, resolubles espacialmente, y dotadas de dimensiones angulares y forma geométrica. Se confundieron en el pasado con las nebulosas, también angularmente extensas, pero de naturaleza gaseosa, observadas en zonas de especiales características físicas, pero dentro de nuestra propia galaxia.

Donde nuestra definición inicial fue más imprecisa es en la afirmación de que las galaxias están formadas por estrellas. Hay más componentes: gas (10% de la masa estelar de la Vía Láctea), polvo (1% de la masa estelar de la Vía Láctea), rayos cósmicos (partículas a velocidades relativistas), fotones... Podríamos incluir al campo magnético, pues sus propiedades en el Cosmos, le hacen comportarse con una apariencia tan real como la de las propias partículas materiales. Pero la contribución no estelar más resaltable puede ser la materia oscura galáctica. Se admite hoy que el Universo está constituido mayoritariamente por una materia oscura aún no identificada y tal hipótesis afecta también a las galaxias, en las que la mayor parte de su masa pudiera ser materia oscura. Aunque esta materia oscura no puede observarse directamente, veremos que existen razones en las que sustentar esta hipótesis muy generalmente admitida.

Las estrellas nos permitían una clasificación fácil. Dando el valor de la masa, todas las propiedades quedaban prácticamente fijadas, si es que eran de la Secuencia Principal. Y las que no lo eran, pertenecían a tipos bien diferenciados. Las galaxias, en cambio, no «se dejan» clasificar. Cada galaxia parece pertenecer a un tipo formado por ella sola. A ello contribuye el hecho de que las galaxias sean angularmente extensas. Cuando sólo observamos un punto, pocas propiedades podemos extraer. Sin embargo, veremos cómo las galaxias son intrínsecamente mas complejas. La primera clasificación se debe a Hubble. Según ésta, las galaxias son de cinco tipos: espirales (60%), elípticas (13%), lenticulares (22%), irregulares (3%) y peculiares (1%). Se disponen en el esquema de la figura 17.

Figura 17

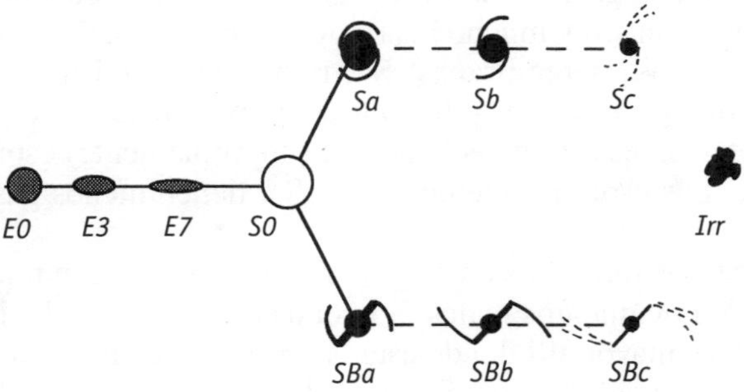

Las galaxias elípticas tienen forma de elipsoide. Se las clasifica con el tipo *Eq*, donde E es abreviatura de «elíptica» y donde $q = 10(1 - b/a)$ siendo b y a, los semiejes de la proyección del elipsoide en el plano del cielo. Así, una E0 tiene para nosotros una apariencia circular. Inicialmente se pensaba que eran elipsoides de revolución, siendo el eje de simetría el de rotación. Luego se vio que su giro era demasiado lento y era incapaz de producir la excentricidad de la elipse proyección observada. La disminución de intensidad al alejarnos del centro sigue en general lo que se llama Ley de De Vaucouleurs

$$I(r) = I(0)e^{-(r/r_0)^{1/4}} \qquad (3.1)$$

donde $I(0)$, intensidad central, y r_0, que determina el tamaño de la elíptica, son dos parámetros que varían de galaxia a galaxia. Las galaxias elípticas tienen muy poco gas.

En el centro de un cúmulo de galaxias suele encontrarse una o dos galaxias elípticas gigantes a las que se llama galaxias cD. También hay galaxias dE, o esferoidales enanas.

La característica más llamativa de una galaxia espiral es la existencia de brazos espirales. Se denotan con la letra S, seguida de las letras a, ab, b, bc, c según la separación de sus brazos del cuerpo, teniendo las Sa los brazos muy poco abiertos.

Hay otras propiedades más importantes que caracterizan a una galaxia espiral. Si nos atenemos a su parte visible, una galaxia espiral tiene dos componentes: a) el bulbo, de población más vieja, cuya geometría y distribución de estrellas es completamente igual a las de una galaxia elíptica, y b) el disco, de población más joven, muy aplanado y mucho más extenso. Las llamadas (impropiamente) espirales tempranas, Sa, tienen el bulbo mayor, en comparación con el disco, y la contribución relativa del bulbo a la masa total es menor en las llamadas (impropiamente) espirales tardías, Sc. Las espirales «tempranas», Sa, tienen menos gas que las «tardías».

Los brazos espirales están en el disco. Los brazos espirales no nos indican movimientos reales. Son ondas de densidad: la densidad varía y es mayor allí donde está la cresta de la onda. La onda tiene una velocidad pero es diferente de la velocidad real de las estrellas debida a la rotación galáctica. Ocurre como con las olas del mar, que aunque tienen su propia velocidad de propagación de la onda, un flotador subiría y bajaría al pasar la ola, sin desplazarse con ella. Veremos que donde hay mayor densidad, más fácilmente nacen las estrellas; nacerán en el brazo estrellas tanto pequeñas como grandes. Las grandes brillan mucho y mueren pronto. No tienen tiempo de abandonar el brazo, por lo que es allí donde se las ve con más probabilidad y lo que hace que los brazos sean espectacularmente brillantes. Aunque el aumento en densidad no es muy grande con el paso de la onda, sí que lo es el aumento en intensidad luminosa.

Los brazos espirales constituyen más un fenómeno vistoso que una propiedad estructural básica de distribución de masa. En cuanto a ésta, las galaxias espirales tienen mucha mayor simetría azimutal que la que aparentan. Pero la clasificación atendiendo a la abertura de los brazos es muy válida por estar relacionada con otras características estructurales importantes, como la relación gas/estrellas o la relación bulbo/disco. No todas las galaxias espirales tienen brazos espirales. Algunas, las llamadas floculentas, no tienen brazos definidos y su aspecto recuerda más una «cabellera» espiral que unos brazos.

Muchas galaxias espirales tienen una «barra». En ese caso se denotan con SB, con el mismo criterio sobre la caracterización de la separación de los brazos. Podemos hablar, por ejemplo, de una galaxia SBab, etc. A las que no tienen barra, o bien no se coloca ninguna letra tras la S, o bien puede añadirse una letra A. Así es equivalente una Sb a una SAb. La existencia de la barra es, en algunas ocasiones, tan poco clara como su ausencia, en cuyo caso la galaxia se denota con SAB. La Vía Láctea es una galaxia SABbc.

El disco tiene una distribución de estrellas que se ajusta razonablemente bien a una exponencial en la dirección radial, del tipo $I(r) = I(0)e^{-r/R}$, siendo $I(0)$ y R dos constantes. El valor de $I(0)$ corresponde a 21.65 magnitudes por segundo de arco al cuadrado (sorprendentemente similar para todas las espirales). El valor de R —llamada escala radial del disco— es más variable, decidiendo el tamaño del disco. Un valor típico puede ser 4 kpc. En la dirección vertical (perpendicular al plano de simetría) se propone una ley del tipo $\cosh^{-1}(z/H)^2$ o gaussiano (e^{-z^2/H^2}). La constante H, la escala vertical del disco, caracteriza la anchura del disco y es del orden de 300 pc.

El disco es exponencial sólo en primera aproximación. La distribución del gas de una espiral es frecuentemente anular, por lo que la formación estelar y la misma distribución estelar muestra un anillo superpuesto a la componente exponencial del disco. Pero este anillo es, tanto geométrica como espectroscópicamente, parte del disco, y no cabe hablar de él como un componente diferente. Cuando la presencia de un anillo en el disco estelar es muy clara, se añade la letra *R* como sufijo. En las partes más externas del disco, la intensidad disminuye más rápidamente que una exponencial hasta llegar a un completo truncamiento bastante brusco del disco.

En las partes más externas, los discos presentan además dos fenómenos interesantes. Uno es el alabeo (en ingles, *warp*). Las partes opuestas del disco se separan de él en direcciones opuestas. Cuando la galaxia se ve de perfil, con un ángulo de inclinación de 90° respecto del plano del cielo (perpendicular a la línea de visión) tiene una apariencia de signo integral.

El otro es el efecto «pajarita» (traducción libérrima de *flaring*) o ensanchamiento periférico del disco, siendo H una función creciente de r.

Como consecuencia del truncamiento estelar, observamos gas a distancias galactocéntricas mucho mayores, donde ya no se observan estrellas. La imagen de una galaxia en 21 cm es notablemente mayor que su imagen en visible. Por esta razón, los fenómenos de alabeo y pajarita son observables mejor en radio, donde detectamos la distribución de gas. Estos fenómenos periféricos son especialmente interesantes puesto que en la periferia la gravedad de la galaxia es ya muy débil y podemos apreciar otras fuerzas u otros efectos extragalácticos o, al menos, externos a la parte visible de la galaxia.

Las galaxias lenticulares, denotadas por SO, se encuentran entre las elípticas y las espirales. Como las espirales, tienen disco, y como las elípticas, tienen muy poco gas. Tampoco tienen brazos.

En el diagrama de clasificación de Hubble, las galaxias irregulares, denotadas con Irr, se encuentran a la derecha, tras las Sc. No tienen simetría, son las que contienen, en proporción, más gas y estrellas jóvenes. Las dos Nubes de Magallanes, visibles en nuestro hemisferio sur, son de este tipo. Irregulares son también las llamadas galaxias compactas azules, que pudieran considerarse como Regiones HII extragalácticas. (Veremos posteriormente qué es una región HII).

Finalmente, las galaxias peculiares tienen formas definidas aunque extrañas, y suelen deberse a la interacción y fusión de dos o más galaxias.

Esta clasificación y esta descripción de componentes atienden a la parte «visible» de una galaxia. Pero hay razones, más o menos sólidas, para creer que, además, las galaxias tienen un componente de «materia oscura», lo que constituiría el hipotético «halo» oscuro de una galaxia. La prueba más importante sobre la existencia de una materia oscura galáctica proviene del estudio de la curva de rotación de una galaxia espiral.

Si observamos la velocidad de alejamiento con respecto al observador, a lo largo del eje mayor de la elipse proyección del disco en el plano del cielo de una galaxia con inclinación intermedia, y si descontamos a las velocidades obtenidas la velocidad de alejamiento global de la galaxia, estaremos obteniendo la curva de rotación de la galaxia, $\theta(r)$. Un resultado bastante frecuente se reproduce en la figura 18. En la periferia, hay que destacar en esta curva dos cuestiones: a) θ es constante, b) θ es muy alto, del

Figura 18

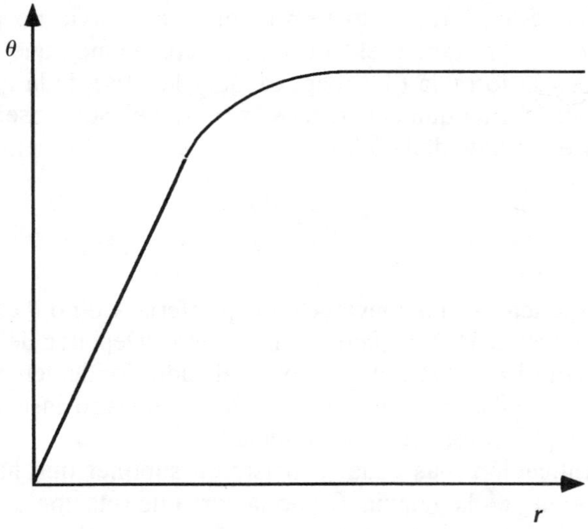

orden de 200-300 km/s. Es decir, en la periferia la curva es alta y plana.

En las partes internas la interpretación no es sencilla, pero debería serlo en la periferia. Si nos alejamos suficientemente del centro, la gravitación sería ya próxima a la creada por una masa puntual central, GMm/r^2, siendo M la masa de la galaxia y m el de una partícula en la periferia (un átomo, una estrella...). Lo más ingenuo es pensar que gravitación y fuerza centrífuga se equilibran, por lo que

$$G\frac{M}{r^2} = \frac{\theta^2}{r} \tag{3.2}$$

y despejando θ

$$\theta = \sqrt{\frac{GM}{r}} \tag{3.3}$$

es decir, $\theta \propto r^{-1/2}$. A esta curva de rotación se la llama kepleriana y es la que cumple el conjunto de los planetas en su traslación alrededor del Sol. Pero como vemos, en una galaxia no parece cumplirse en absoluto: θ es constante. Supongamos que queremos utilizar la fórmula (3.2) para calcular la masa de la galaxia, de la misma forma que calculamos la masa del Sol, observando el radio y el período de la órbita de un planeta. Despejando

$$M = \frac{\theta^2 r}{G} \tag{3.4}$$

Pero el producto $\theta^2 r$ no converge en la periferia. Como θ es constante, obtenemos $M \propto r$. ¿Pero cuánto vale r? Depende del tamaño y sensibilidad del radiotelescopio utilizado. Evidentemente, la masa de una galaxia no puede depender de nuestro instrumento de medida. ¿Cómo salvar esta paradoja?

La explicación más usual consiste en suponer que hay una materia oscura en la galaxia. Como la curva de rotación es plana, esta materia oscura debe ocupar una extensión mucho mayor que la parte visible de la galaxia, y sería de esperar que el comportamiento kepleriano se encontrase a distancias mucho mayores, a radios galactocéntricos donde quizá ya no haya nada que observar. Se supone entonces que la materia oscura está contenida en otro componente de la galaxia llamado «halo». Por tanto, el halo sería muy extenso.

Se suele suponer que este halo tiene, más o menos, simetría esférica. Los cúmulos globulares formarían parte de él, aunque la mayor parte de su masa sería esta materia oscura, que ni se ve ni puede verse por estar constituida por partículas que ni emiten ni absorben luz, y cuya naturaleza es un problema que luego nos plantearemos.

Pero la curva de rotación no es sólo plana, sino que es alta. El halo tiene que contener mucha masa para evitar que tanta fuerza centrífuga condene al escape a toda la región periférica. Cuando se hacen las cuentas, el resultado no puede ser más intranquilizador: el halo debe de extenderse a radios de más de 100 kpc; su masa debe de ser al menos de más de $10^{12}\,M_\odot$ para una galaxia típica, como la nuestra. Las galaxias son más de diez veces más masivas de lo que parecen; las galaxias son más de diez veces más grandes de lo que parecen. Pero estamos hablando de límites inferiores. Ni sabemos qué masa tienen, ni cómo son de grandes, ni de qué están hechas. Lo que vemos es un componente minoritario que sólo es importante por eso precisamente, porque lo vemos.

Así, si en una galaxia, $\theta \sim 200$ *km/s* a un radio de $r \sim 40$ *kpc*, obtenemos una primera estimación de su masa, $M = 4 \times 10^{11}\ M_\odot$, incluyendo tanto la masa visible como la oscura. Pero si su luminosidad es de $10^{10}\ L_\odot$, admitiendo una relación masa-luminosidad razonable en una galaxia de $M/L \sim 1\ M_\odot/L_\odot$ (aunque en realidad es un poco mayor), obtenemos que la masa visible es sólo de $10^{10}\ M_\odot$. Así que la representación de una galaxia espiral, según la interpretación más admitida, es la de la figura 19.

Figura 19

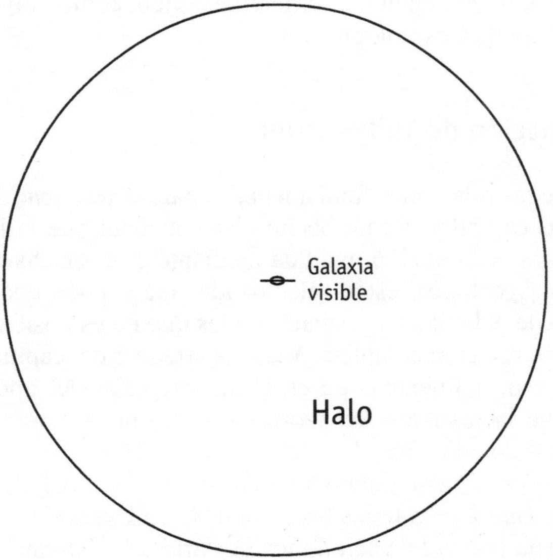

También las galaxias elípticas tienen problemas de masa oculta. En este caso, como las elípticas giran muy poco, no podemos obtener observacionalmente θ. Sin embargo, mediante la anchura de las rayas espectrales, podemos obtener la dispersión de velocidades de las estrellas. Cuando un sistema alcanza el equilibrio, se dice también que está virializado, porque cumple el teorema del Virial, conocido teorema de la Mecánica Clásica. Según éste, la masa, el radio y la dispersión de velocidades en una galaxia están relacionados. La idea vuelve a ser la misma: si la dispersión de velocidades es muy alta hará falta mucha masa para retener un sistema tan agitado de estrellas. Si llamamos θ, ahora, a la dispersión de velocidades, el teorema del Virial se escribe aproximadamente con la fórmula (3.2), lo que era esperable atendiendo a las prescripciones del Análisis Dimensional. No es necesaria ahora una demostración del teorema del Virial. El resultado es que, aún con mayores dificultades que en el caso de las espirales, se obtiene que las elípticas parecen tener también al menos diez veces más masa de lo que parecen.

La materia oscura no sólo parece estar presente en las galaxias, sino también en el medio intergaláctico, como volveremos a ver al hablar de Cosmología.

1 La relación de Tully-Fisher

Es una de las relaciones fundamentales para determinar distancias a galaxias espirales. Es un hecho observacional que la luminosidad, L, y la velocidad, θ, medida mediante el ensanchamiento de las rayas espectrales, están relacionadas (se supone que estamos hablando de galaxias muy lejanas en las que no es posible obtener la curva de rotación completa. Veáse apartado 5 del capítulo 1). La relación, especialmente clara en el infrarrojo, es del tipo $L \propto \theta^4$.

Aunque la justificación teórica no está nada clara, digamos que si aproximadamente $L \propto I_0 r_0^2$ (1.1) y si $M \propto r_0 \theta^2$ (3.2), admitiendo $L \propto M$ rápidamente obtenemos $r_0 \propto \theta^2 / I_0$. Si I_0, como dijimos, fuera igual para todas las espirales, tendríamos $L \propto r_0^2 \propto \theta^4$. Pero en esta breve deducción, nos gustaría tener alguna justificación teórica para la constancia de I_0.

Puede sorprender en la deducción anterior que hayamos supuesto $L \propto M$, si para una estrella es $L_i \propto M_i^x$, con x próximo a 3. Aquí es diferente; más bien supongamos que todas las estrellas tienen la misma masa, M_i, y por tanto la misma luminosidad L_i.

La luminosidad de la galaxia sería $L = NL_i$ (siendo N el número de estrellas), es decir, proporcional a $NM_i^3 = (NM_i) \times (M_i^2)$; el segundo paréntesis es constante; el primero es la masa estelar de la galaxia M. Luego $L \propto M$, en una galaxia. Si fuera incluso $M_i \approx M_\odot$, obtendríamos $L/L_\odot = M/M_\odot$, concretamente.

Para galaxias elípticas, también se cumple una relación, llamada de Faber-Jackson, del tipo $L \propto \theta^4$, siendo ahora θ representativo, no de la rotación, sino de la dispersión de velocidades.

2 Galaxias activas

Actividad, en Astrofísica, es sinómimo de variabilidad temporal a escalas muy inferiores a la vida de un astrónomo. Normalmente, el Universo, aún siendo el resultado de una explosión, parece inmutable. Si observamos M31 al cabo de 10 años, vemos exactamente lo mismo que hoy. No podríamos decir lo mismo si observáramos dentro de 10^{10} años. Pero una galaxia activa, por el contrario, tiene variaciones temporales apreciables, por lo que su actividad es llamativa y nos previene de la existencia de fenómenos extraordinariamente energéticos. No varía la galaxia entera, sino solamente su núcleo, un punto central, no resuelto angularmente ni con las mejores técnicas interferométricas. Por tanto, no se conoce la dimensión de este núcleo activo; sólo se dispone de límites superiores.

Ciertamente los núcleos tienen que ser pequeños. Si observamos variaciones temporales, quiere decir que varían coordinadamente las diferentes partes del núcleo activo; si no, las variaciones descoordinadas de una parte serían compensadas por las variaciones en otras. Si hay coordinación, debe de haber un mecanismo de coordinación; la información debe poder recorrer el núcleo para establecer la coordinación. Pero enseña la Relatividad que la información no puede viajar a mayor velocidad que la luz. Por tanto, el tamaño del núcleo debe de ser inferior a $c\tau$, siendo τ el tiempo característico de las variaciones temporales observadas. Si τ es del orden de días (o de horas cuando se observa en rayos X) el tamaño es de días-luz, o menor: menos que una milésima de parsec. Lo preocupante es que en menos de 10^{-3} pc (¡quizá incluso mucho menos!) la emisión es tan importante como en toda la galaxia, o incluso un orden de magnitud superior.

El ejemplo más importante es el de los cuásares (del inglés *quasar*, abreviatura de *quasistellar radio source*. Como alguno de estos objetos no emite en radio es preferible la denominación de QSO, *quasistellar objects*, objetos cuasiestelares). Tienen apariencia puntual, como una estrella, pero su distancia es muy grande, correspondiente a un corrimiento al rojo altísimo, con $z \sim 1$, llegando a $z = 4.9$ para el más alejado de los conocidos. Si $z = 1$, la velocidad de alejamiento es $(3/5)c$; Si $z = 5$, sería de $(35/37)c$. En cuanto a su lejanía (véase después ley de Hubble) si $z = 1$, la distancia puede ser de 4×10^3 Mpc. Hay que advertir que los cálculos a tan altas distancias no son tan sencillos, pues la curvatura del Universo no es despreciable y no es conocida. Una vez estimada la distancia, podemos estimar la luminosidad, que resulta ser de $10^{45} - 10^{48}$ erg/s.

Como comparación piénsese que las estrellas de toda la Vía Láctea emiten del orden de 10^{45} erg/s. Tenemos pues un objeto de tamaño inferior a la milésima de parsec que emite más que una galaxia como la nuestra. Y en rayos X, la luminosidad es un orden de magnitud mayor.

La masa debe de ser también muy grande pues un objeto tan luminoso deberá tener una altísima presión de radiación y una gran gravitación se necesitará para compensarla. Recordando la fórmula (2.43) tendremos

$$GM = \frac{\kappa L}{4\pi c} \tag{3.5}$$

con lo que la masa será (con $\kappa \sim 1$, en el sistema cgs) de $\sim 10^8 - 10^{10} M_\odot$.

El radio de Schwarzschild de esta masa estaría entre 3×10^{-6} y 3×10^{-4} pc. Aunque estos valores son bastante más pequeños que el valor de 10^{-3} pc encontrado anteriormente como límite superior, la relativa similitud de ambas cifras sugiere que en el interior de un cuásar hay un agujero negro con una masa del orden de $10^8\ M_\odot$ o más. La emisión observada sería fundamentalmente emisión térmica debida al calentamiento de un disco que giraría alrededor del agujero negro, llamado disco de acrecimiento. Debido a la viscosidad este material perdería momento angular y caería en el agujero negro, acrecentando su masa. Veríamos entonces no la emisión del agujero negro (evidentemente) sino del material muy próximo a caer en él. Si toda la masa caída se convirtiera en energía, haría falta que cayese una masa por unidad de tiempo de $\dot{M} = L/c^2$, del orden de 1 $M_\odot$/año.

No solamente los lejanos cuásares, que se suponen galaxias recién nacidas, tienen núcleos activos. Así, las llamadas galaxias Seyfert pueden ser galaxias muy cercanas. Su núcleo es tan intenso que cuando se observan en baja exposición sólo se ve un punto (el núcleo). Cuando se aumenta la exposición se ve una galaxia espiral que alberga el núcleo activo. El núcleo viene a brillar tanto como el resto de la galaxia, del orden de 10^{11} $L_\odot$. También hay galaxias elípticas con núcleo activo, las llamadas galaxias N, siendo los objetos BL Lac los casos más extremos. Es posible incluso que todas las galaxias tengan un núcleo activo menor. Nuestra Vía Láctea muestra fenómenos en su centro —dentro de la nebulosa Sag A— que se interpreta como acrecimiento de un núcleo activo de sólo 10^6 $M_\odot$.

Las radiogalaxias constituyen el otro gran ejemplo de galaxias activas, siendo la radiofuente Cygnus A una de las más importantes. Las dimensiones espaciales de estas galaxias son descomunales comparadas con las de una galaxia normal. Consta de dos lóbulos de emisión sincrotrón (pronto hablaremos de ella) separados por distancias de varios megaparsecs. En medio de ambos lóbulos se encuentra una galaxia elíptica apenas perceptible, que permite la determinación de la distancia a la radiofuente. Los lóbulos fueron, o son, eyectados del núcleo activo de la galaxia elíptica central, aunque el cómo se produce la eyección es uno de los problemas más estudiados en la Astrofísica actual. Con métodos de interferometría continental (VLBI) se puede presenciar la salida de los chorros, seguramente en la dirección del momento angular de la galaxia. Los chorros no son continuos, sino formados por componentes discretos cuyo movimiento se observa empleando observaciones espaciadas temporalmente. Su velocidad es tan grande que parece, en ocasiones, superar la velocidad de la luz. Son las llamadas «fuentes superlumínicas».

3 Fuentes superlumínicas

En realidad, ni la materia ni la información pueden superar la velocidad de la luz, por lo que se trata únicamente de una velocidad aparente. Es un efecto relativista del que vamos a dar una justificación con argumentos de cinemática clásica.

En la figura 20 vemos cómo la dirección de eyección de nubes forma un ángulo θ con la línea de visión. El efecto aparente se produce para θ pequeño, pero no excesivamente pequeño. A $t = 0$, la nube está en el núcleo. Se observa la nube a $t_1 = r_0/c$, siendo r_0 la distancia a la radiofuente. A $t = t_0$, la nube está, como en la figura, a una distancia vt_0, siendo v la velocidad real de eyección ($v < c$). Observamos este momento desde la Tierra a $t = t_2$, siendo

$$t_2 = t_0 + (r_0 - vt_0 \cos\theta)/c \tag{3.6}$$

Figura 20

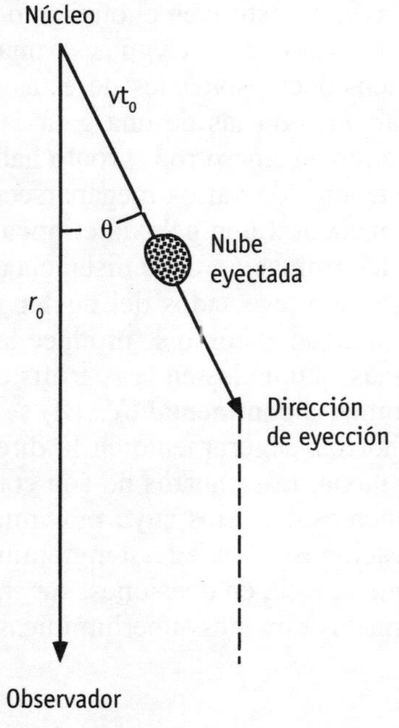

Para el observador

$$\Delta t = t_2 - t_1 = t_0 \left(1 - \frac{v}{c} \cos\theta\right) \qquad (3.7)$$

y apreciará la velocidad aparente en el plano del cielo (tomando c como unidad, como es habitual) β_{ap}

$$\beta_{ap} = \frac{1}{c} \frac{v t_0 \sin\theta}{t_0 \left(1 - \frac{v}{c} \cos\theta\right)} = \frac{\beta \sin\theta}{1 - \beta \cos\theta} \qquad (3.8)$$

donde $\beta = v/c$ es la velocidad real, tomando c como unidad ($\beta < 1$). Si β es próximo a 1 y θ muy pequeño, el denominador se hace muy pequeño y podemos tener $\beta_{ap} > 1$. Precisamente para $\theta = 0$, tenemos una indeterminación. Hay un valor de θ óptimo que proporciona el máximo valor de β_{ap}. Se obtiene con la condición $d\beta_{ap}/d\theta = 0$. Al hacerlo se obtiene sin ninguna dificultad que el ángulo óptimo es aquel que cumple $\cos\theta = \beta$. Cuando imponemos esta condición, y la aplicamos al caso $\beta = 0.99$ (por ejemplo) obtenemos $\beta_{ap} = 7$(!).

4 La Vía Láctea

Las caracerísticas más importantes de nuestra galaxia, la Vía Láctea, se destacan en el Material A13. Con respecto al estudio en otras galaxias tenemos la ventaja de que observamos las estrellas individualmente, es decir, observamos las partículas del fluido de estrellas. Pero tenemos la desventaja de que no apreciamos la visión de conjunto. Al contrario que en otras galaxias, observamos el microestado pero no el macroestado. Al observar en visible, el polvo nos impide ver lejos. Al observar en radio, lo vemos todo, pero todo a la vez, lo cual también es un problema pues, en principio, no sabemos distinguir lo que está lejos de lo que está cerca.

La distribución de estrellas puede obtenerse directamente, puesto que las vemos y, en principio, conocemos su distancia.

Bien es cierto que solo podemos obtenerla en la vecindad del Sol. La determinación, en la práctica, presenta gravísimos problemas, aunque como resultado, podríamos resumir diciendo que su disco es bastante normal, con un decrecimiento exponencial de la densidad de estrellas en la dirección radial y muy delgado, de unos 300 pc, en la dirección vertical. La información queda complementada muy bien con el infrarrojo cercano, puesto que, en esta longitud de onda, la extinción es mucho menor y observamos incluso el bulbo con bastante nitidez. Se reconocen al menos 5 brazos, estando el Sol en uno de ellos, en el llamado Brazo Local.

Preocupémonos de la Cinemática. En un fluido hay una velocidad macroscópica, o velocidad media $\vec{v}_0$. Cada partícula, además de la velocidad media, común a todas las partículas de su mismo elemento de volumen, tiene una velocidad peculiar $\vec{V}_i$, de tal forma que la velocidad de una partícula $\vec{v}_i$ se puede poner como $\vec{v}_i = \vec{v}_0 + \vec{V}_i$. Las velocidades $\vec{V}_i$ caracterizan los movimientos caóticos de agitación térmica. En un fluido de laboratorio, las velocidades peculiares no son observables. Pero en nuestra galaxia, sí. Si calculamos la media de $\vec{v}_i$ en un elemento de volumen, $<\vec{v}_i>$, obtenemos $\vec{v}_0$, porque $<\vec{V}_i> = 0$.

Una partícula, es decir una estrella, en nuestro elemento de volumen, el que contiene al Sol, tendrá también una velocidad dada por $\vec{v}_i = \vec{v}_0 + \vec{V}_i$, donde $\vec{v}_0$ es ahora la velocidad media en nuestra vecindad. En concreto, para el Sol, $\vec{v}_\odot = \vec{v}_0 + \vec{V}_\odot$. Lo que nosotros observamos son velocidades estelares con respecto al Sol, es decir, $\vec{v}_{*i} = \vec{v}_i - \vec{v}_\odot = \vec{V}_i - \vec{V}_\odot$. Si tomamos valores medios, encontraremos, puesto que $<\vec{V}_i> = 0$, que

$$<\vec{v}_{*i}> = -\vec{V}_\odot \tag{3.9}$$

lo que nos permite calcular la velocidad peculiar del Sol. Hemos sabido así que el Sol se mueve con una velocidad de $V_{\odot r} = -9$ km/s (en la dirección radial; nos movemos hacia el centro de la galaxia), $V_{\odot\varphi} = 11$ km/s (en dirección azimutal; giramos más deprisa que la galaxia), $V_{\odot z} = 6$ km/s (en dirección vertical, hacia el hemisferio norte galáctico). Una vez conocido $\vec{V}_\odot$ podemos calcular $\vec{V}_i$, la velocidad peculiar de cada estrella de la vecindad solar, y estudiar así su distribución estadística.

Se obtiene que $<V_r^2>^{1/2}$ es de unos 28 km/s, mientras que $<V_\varphi^2>^{1/2} \approx <V_z^2>^{1/2} \sim 18$ km/s. Esto significa que el fluido estelar no está en equilibrio termodinámico, pues el equilibrio se caracteriza por la equiprobabilidad de todas las direcciones. En un fluido de laboratorio no son esperables direcciones privilegiadas, normalmente porque las colisiones entre partículas son tan frecuentes que redistribuyen pronto las direcciones y acaban siendo todas equiprobables. También se observan algunas «estrellas de alta velocidad» con $<V_z^2>^{1/2} \sim 80$ km/s. Vemos estas estrellas en el disco, pero deducimos que con esa velocidad se tienen que salir pronto de él. Se puede suponer que son estrellas pertenecientes al halo.

Nos gustaría de forma especial conocer la velocidad media en la vecindad del Sol, así como en cualquier otro punto de la galaxia. Es de esperar que la galaxia gire, pero evidentemente, observando estrellas de la vecindad, participando todas ellas del mismo movimiento medio, no podemos apreciarlo. Esto se puede hacer, aunque con serios errores, observando, no estrellas de la vecindad, sino cúmulos globulares (que se suponen distribuidos con simetría esférica alrededor del centro de la galaxia, perteneciendo al halo, y sin giro neto en su conjunto) o con galaxias próximas del llamado Grupo Local, del que hablaremos luego.

Llamando $\theta = v_{0\varphi}$, suponiendo que la rotación es el único movimiento interno de la galaxia, y suponiendo en ésta una simetría tal que $\theta(r)$ sea función exclusiva del radio galactocéntrico, las observaciones en radio, en 21 cm, nos permiten también y con mayor precisión encontrar la curva de rotación $\theta(r)$ de nuestra galaxia. El gas y las estrellas podrían no corrotar, pero la experiencia en otras galaxias nos indica que sí lo hacen, al menos hasta la distancia a la que ya no puede determinarse $\theta(r)$ estelar. Admitamos que no hay diferencias entre $\theta(r)$ medida con gas y con estrellas, es decir que ambos componentes corrotan. Veremos cómo se puede determinar $\theta(r)$ con observaciones en 21 cm (figura 21).

Si observamos en la dirección Sol-P obtendremos un perfil de la raya de 21 cm como en la figura 22, por ejemplo. En esa dirección observamos a la vez varias nubes de hidrógeno, cada una con un corrimiento al rojo, porque sus velocidades de alejamiento del observador son diferentes. Nos fijamos en el valor del máximo

Figura 21

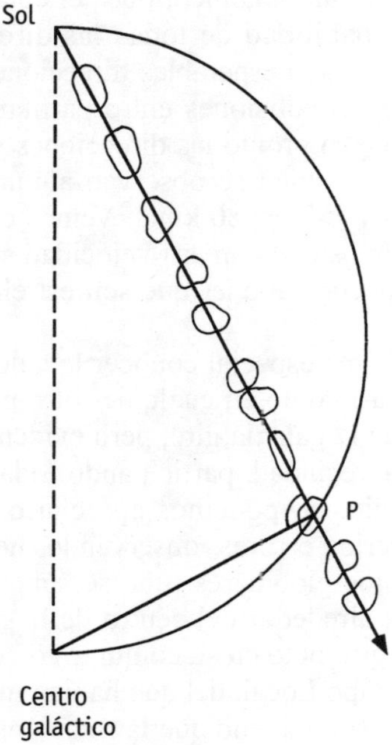

de λ. El máximo λ se producirá en la nube situada en P porque allí la velocidad tiene la misma dirección que la línea de visión, sin componentes transversales. A este λ máximo corresponderá una velocidad que será la de rotación en el punto P. Si P está a una distancia r del centro, hemos obtenido $\theta(r)$ en un punto. Eligiendo otras direcciones, obtenemos otros puntos en los cuales determinamos r. No es difícil probar que el lugar geométrico de los puntos P es una semicircunferencia. Hemos obtenido entonces la curva $\theta(r)$ completa. En realidad, este método sólo es posible para $r < r_{\odot}$, siendo $r_{\odot}$ la distancia del Sol al centro de la galaxia.

El resultado, $\theta(r)$ (combinando además este método con otras observaciones) se muestra en la figura 23. El problema más grave es en la periferia, pues parece deducirse que la Vía Láctea tiene, como otras espirales, un halo masivo de materia oscura.

Figura 22

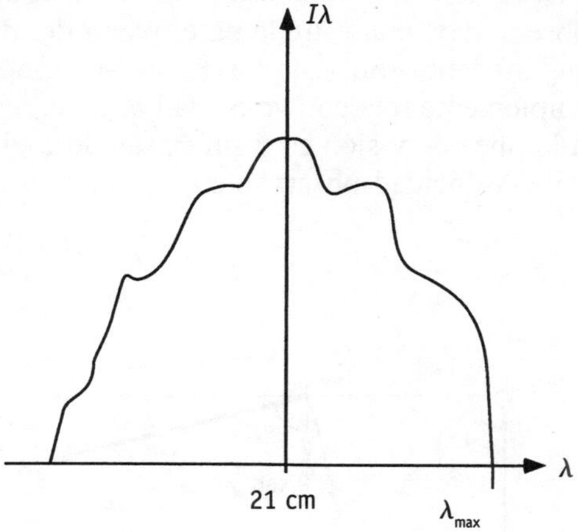

Figura 23

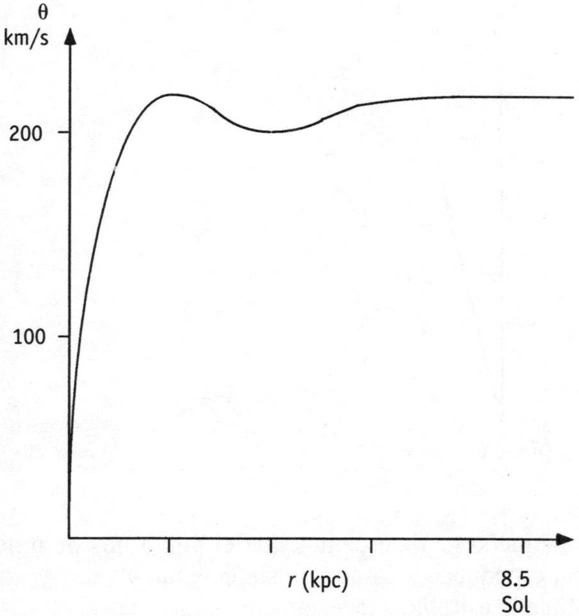

El Sol está a unos 8 kpc. La determinación se hizo gracias al análisis de Oort, del que vamos a resaltar lo esencial. En la figura 24, observamos una estrella en el plano del disco, de forma que el ángulo centro-Sol-estrella sea de 90°. Suponemos que la estrella simplemente rota con velocidad θ. La componente perpendicular a la línea de visión es θ sin φ, siendo φ el ángulo Sol-Centro-Estrella, velocidad observable como movimiento propio.

Figura 24

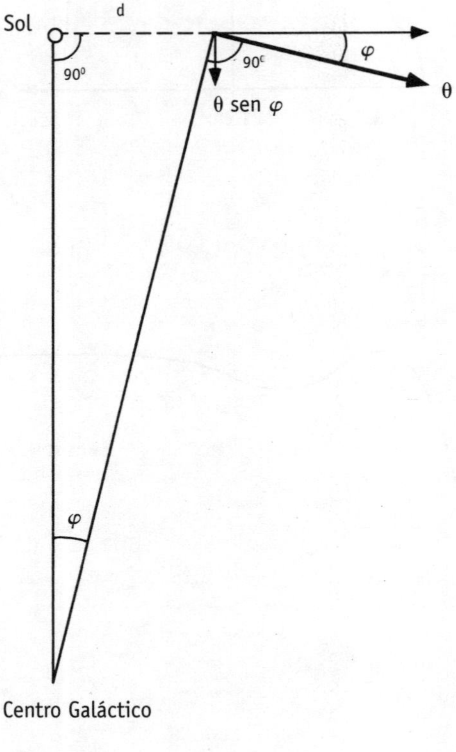

Si φ es pequeño (y recordemos que el polvo nos permite ver estrellas con φ pequeño solamente), sin $\varphi \sim$ tan $\varphi \sim d/r_{\odot}$, siendo d la distancia a la estrella, supuestamente conocida.

Se llama movimiento propio al ángulo recorrido por unidad de tiempo, en el plano del cielo. Será por tanto

$$\mu = \frac{\theta \sin \varphi}{d} = \frac{\theta d}{d r_{\odot}} = \frac{\theta}{r_{\odot}} \qquad (3.10)$$

lo que permite despejar $r_{\odot}$, que resulta ser de 8 kpc. También se puede hacer observando la velocidad en la dirección de la línea de visión.

En la práctica, no se hace solo con una estrella, sino con todas las disponibles; el problema es algo más complicado, el tratamiento es estadístico y el resultado es más preciso, pero lo esencial del procedimiento es el mismo.

Pronto podremos conocer $r_{\odot}$ directamente observando el movimiento propio aparente del Centro Galáctico, Sg A. Esta radiofuente tiene en su proximidad angular dos cuásares con respecto a los cuales se puede determinar su movimiento. El centro, a 8 kpc, tiene una velocidad con respecto a nosotros de ~220 km/s, lo que equivale a un movimiento propio de $\sim 5 \times 10^{-3}$ "/año. Esta precisión está al alcance de las técnicas de VLBI.

5 Colisiones estelares

Las colisiones entre estrellas no son muy frecuentes. No nos referimos a choques frontales entre estrellas, sino a interacciones graves entre ellas que alteren de forma importante su trayectoria. Para verlo estimemos qué tiempo característico existe entre colisión grave y colisión grave.

Como de este tiempo, solo queremos saber el orden de magnitud, podemos ser generosos en las aproximaciones. Por «colisión grave» entendemos una colisión en la que el ángulo de desviación, φ, es del orden de 1 radián. Como la interacción entre las estrellas es gravitatoria, aprovechemos el cálculo de φ que nos suelen ofrecer los libros de Mecánica, que resulta ser

$$\tan \frac{\varphi}{2} = \frac{2mG}{V^2 D} \qquad (3.11)$$

donde m es la masa de una estrella, V una velocidad típica de una estrella con respecto a otra, del orden de las velocidades peculiares, y D es el parámetro de impacto (véase figura 25) o distancia de una estrella hasta la recta que contenía la trayectoria original de la otra estrella antes de ser perturbada. Si hacemos tan $\varphi \sim \varphi \sim 1$, obtenemos

$$D = \frac{4mG}{V^2} \tag{3.12}$$

Figura 25

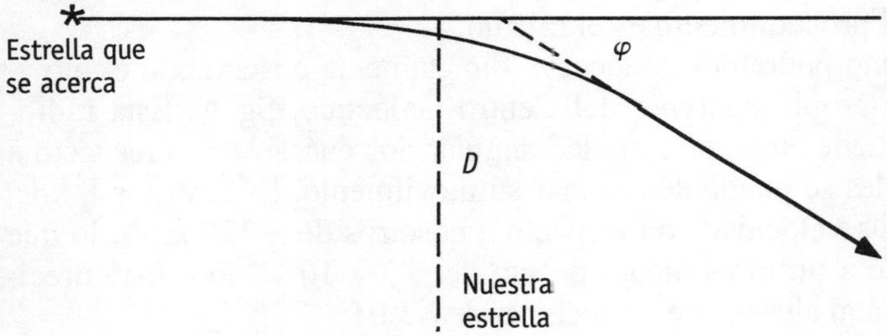

Cuando D tenga este valor (o menos) la colisión será grave. En un tiempo t habrá un número de colisiones graves igual al de estrellas contenidas en el volumen cilíndrico de la figura 26 pues, con velocidad V, éstas son las que tienen tiempo de llegar a interaccionar con nuestra estrella. Si hay n estrellas por unidad de volumen, el número de colisiones graves será

$$n\pi D^2 Vt = n\pi Vt \frac{16m^2G^2}{V^4} = 16\pi n \frac{m^2G^2}{V^3} t \tag{3.13}$$

Definimos τ, como el tiempo en el que se produce «una» colisión grave, es decir, cuando la cantidad anterior es igual a 1. El tiempo entre colisiones τ será entonces

$$\tau = \frac{V^3}{16\pi m^2 G^2 n} \tag{3.14}$$

Figura 26

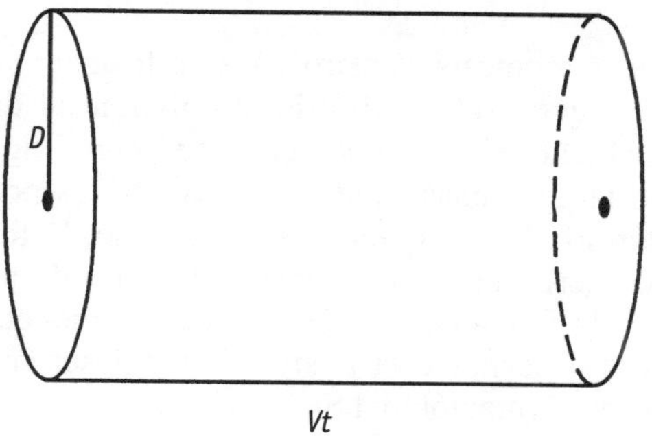

Este tiempo nos informa pues, en órdenes de magnitud, del transcurrido entre dos colisiones sucesivas de una estrella. Esta fórmula puede diferir de otras obtenidas con más rigor, sólo en los coeficientes numéricos. En la vecindad solar, por ejemplo, $n = 7 \times 10^{-2}\, pc^{-3}$, $V \approx 25$ km/s y obtenemos $\tau \sim 10^{14}$ años. Esto es mucho más que el tiempo de vida de la galaxia. Lo más normal es que una estrella pase toda su vida sin interaccionar con otras. Hay poca densidad de estrellas y su velocidad es muy alta.

Algunas consecuencias importantes:

a) Vimos que la distribución de velocidades peculiares no correspondía al equilibrio: no todas las direcciones eran equivalentes. El tiempo de «relajación», o tiempo característico de llegada al equilibrio, viene a ser el tiempo entre colisiones, τ, pues mediante colisiones se llega al equilibrio termodinámico. No es de extrañar entonces que el sistema estelar no esté en equilibrio y que tenga una distribución anisótropa de velocidades peculiares.

b) Vimos que un sistema de masa M de estrellas tenía un radio que dependía de las velocidades características de sus estrellas. Si las velocidades son diferentes en las distintas direcciones, no es de extrañar que sus «radios» sean diferentes, y que las galaxias elípticas no sean esféricas aunque no giren, sino elipsoides, frecuentemente con los tres semiejes diferentes.

c) Dada la ausencia de colisiones cabría la posibilidad de que dos «galaxias» cohabitaran ocupando el mismo espacio manteniendo su identidad. En realidad el bulbo y el disco se solapan en la región interna, manteniendo sus características individuales, sin mezclar; eso sí, obedeciendo a un campo gravitatorio común.

d) Algunas hipótesis catastrofistas de formación de Sistema Solar suponen que éste resultó de la colisión de dos estrellas. Pero probablemente el Sol nunca colisionó con ninguna estrella. Aun así, podríamos pensar que el Sol fue de las pocas estrellas que «disfrutaron» de una colisión. En ese caso, la formación del Sistema Solar sería un caso excepcional y la vida un fenómeno rarísimo. Pero la frecuencia de otros sistemas planetarios encontrados permite desechar esta posibilidad y descartar las teorías catastrofistas de formación del Sistema Solar.

6 El medio interestelar

Aunque en una galaxia como la nuestra, el gas es «hoy» un componente minoritario, de sólo el 10% de la masa visible, su importancia en la evolución y dinámica galáctica es grande. Del gas nacieron y siguen naciendo las estrellas. Uno de nuestros objetivos es precisamente el nacimiento de las estrellas. Pero además, aparecen sobre el gas fuerzas que no actúan sobre las estrellas, como la magnética, y como la de viscosidad. En particular, el magnetismo será también uno de nuestros objetivos, ya que el medio interestelar, en general bastante ionizado, es influenciado por el campo magnético y a su vez le crea y le modifica, lo que influye en muchos procesos galácticos.

Las propiedades del medio interestelar, en la vecindad solar, por especificar un poco, se resumen en el Material A13. Lejos de distribuirse homogéneamente el gas se encuentra en diversos estados. Esquemáticamente diremos que hay nubes de HI y nubes de H_2 moviéndose en un medio internubes de HI. Hay además túneles de HII (regiones de muy alta temperatura que horadan el medio interestelar) así como un componente de HII difuso más frío. Aquí y allá hay «regiones HII», sobre todo en los brazos espirales. (Como vemos, el hidrógeno, componente fundamental del gas interestelar, puede encontrarse como hidrógeno atómico ionizado (HII), hidrógeno atómico neutro (HI) e hidrógeno molecular (H_2).)

Las nubes de HI, las nubes de H_2, la región internubes, el medio HII difuso y los túneles están en equilibrio de presiones. Como $P = nkT$, si la presión es la misma el producto nT es constante. Las regiones más frías (con H_2, puesto que la alta temperatura disocia la molécula de H_2) tienen mayor densidad. Las regiones más calientes (con HII, pues la alta temperatura ioniza al hidrógeno atómico) tienen menos densidad. Esto puede apreciarse en la figura 27.

Figura 27

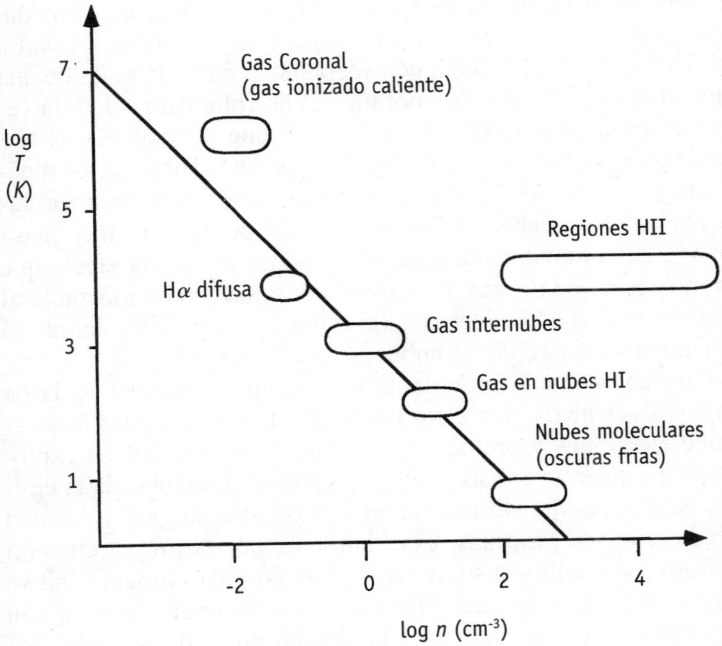

En ella se ve que las llamadas «regiones HII» están fuera de la isobara, constituyendo la excepción puesto que son regiones en completo desequilibrio. En ellas, la radiación ultravioleta de las estrellas recién nacidas calienta, ioniza e inyecta energía en el medio interestelar; la recombinación conlleva la emisión de las series del hidrógeno; en el visible, en especial, la raya de H_α es responsable del color rojizo de estas nebulosas.

Se dan fenómenos mucho más energéticos. Se observan zonas de eyección y filamentos de gas en la dirección perpendicular al plano, debidas fundamentalmente a explosiones de supernova. El gas eyectado retorna normalmente al disco, observándose como nubes de alta velocidad. El disco tiene pues una apariencia de sopa en ebullición.

Al hablar del concepto de presión en el Material B4, vimos que ésta debe calcularse mediante 1/3 $mn <V^2>$, expresión que para un gas perfecto se convierte en nkT. Sin embargo, cuando se consideran las nubes de HI o de H_2 moviéndose en el medio internubes y se aplica la expresión primera, resulta $P = 10^{-11}$ $din\ cm^{-2}$ (es decir, considerando m como la masa de una nube, n el número de nubes por unidad de volumen y $<V^2>$ la velocidad cuadrática media de las nubes), que es mucho más alta que la presión molecular, $nkT \sim 10^{-13}$ $din\ cm^{-2}$. Para efectos dinámicos, podemos considerar que el medio interestelar está formado por átomos descomunales de unos 25 pc de tamaño y masa $10^6 M_\odot$, cuyo movimiento aleatorio produce el mismo efecto que las moléculas de un gas. La fórmula $P = nkT$ no es utilizable al considerar el medio intergaláctico, porque la presión debida al movimiento caótico de las nubes es mucho mayor.

Otra componente importante del medio interestelar es la de los rayos cósmicos. Son éstos partículas ultrarrelativistas, básicamente electrones y protones, seguramente producidos en explosiones de supernova. Estas partículas son responsables de la emisión sincrotrón, que pronto veremos, y pierden su gran velocidad debido a varios procesos, especialmente por la propia emisión sincrotrón que ellos mismos crean. Son de vida efímera y no se apartan más de 1 kpc del sitio en el que nacieron. Aun así son importantes: su contribución a la presión no es despreciable, su conocimiento es básico para interpretar la radiación sincrotrón y constituyen un método tradicional de observación del Cosmos. Algunos observatorios de rayos cósmicos funcionan desde hace mucho tiempo.

Una galaxia tiene cada vez menos gas pues, aunque algunas estrellas devuelven al espacio una buena proporción de la materia con que fueron creadas, hay cada vez más estrellas fósiles: enanas blancas, estrellas de neutrones, agujeros negros. Como consecuencia, cada vez nacen menos estrellas por lo que van escaseando las gigantes azules. La galaxia se va enrojeciendo. El material devuelto por las gigantes moribundas lleva algo más de metales, por lo que progresivamente el medio interestelar (y por tanto las estrellas jóvenes) tiene más metales.

7 El nacimiento de las estrellas

Las estrellas nacen allí donde la densidad de gas es mayor. Esencialmente, el proceso es el de colapso gravitatorio: cuanto más cerca están los átomos de una nube gaseosa protoestelar, más se atraen; cuanto más se atraen, más se acercan. Superadas entonces unas condiciones iniciales propicias, que vamos a especificar, el colapso es inestable y rápido.

En muchas galaxias espirales el gas tiene una distribución anular, estando la parte central desprovista de gas. El radio del borde interno del anillo está situado a una distancia del centro del orden de 5 kpc. El borde externo no es otro que el de finalización natural por decrecimiento exponencial del disco. En el anillo, más o menos a unos 8 kpc del centro hay frecuentemente un máximo de densidad y por tanto una mayor formación estelar. Más importante aún, el paso de las ondas de densidad de los brazos espirales también produce un aumento de densidad, y las estrellas nacen fundamentalmente en los brazos.

Las nubes frías de H_2 constituyen la componente más densa del medio interestelar, por lo que son los lugares preferentes de formación estelar. En cuanto se forman las primeras estrellas, algunas grandes azules entre ellas, calientan partes de la nube formando regiones HII, de color rojo en fotografía visible. El color azul de las estrellas grandes se refleja en otras partes de la nube. Otras zonas de la nube inicial permanecen densas, frías y absorben la luz roja de las zonas ionizadas posteriores. Estas zonas de formación estelar se ven, por lo tanto, como un revoltijo de colores rojo y azul surcados por franjas negras, de gran belleza.

Pero hay que «rizar el rizo». A las ondas espirales de densidad se sobreponen otras ondas, las ondas de Jeans, que producen un aumento oscilatorio de densidad superpuesto al aumento de los brazos. Estas ondas de Jeans son como el sonido, con la excepción de que los efectos autogravitatorios no pueden considerarse despreciables, y de hecho, en algunos máximos de densidad, conducen al colapso. Como el espacio interestelar no está vacío, puede propagarse el sonido. No debemos esperar oír alguna vez esta «música celestial», más bien «ruido celestial», pues para ello necesitaríamos una gran paciencia y salud, pues una nota de la sinfonía podría durar 10^8 años.

Para evitar un cálculo detallado de las propiedades ondulatorias de las ondas de Jeans, consideremos aquella semilongitud de onda que contiene un medio más denso que el medio no perturbado por la onda. Esta zona de mayor densidad es nuestra nube que, en su caso, puede colapsar y formar estrellas. La nube colapsará si la autogravitación es superior al efecto de agitación térmica. Cuando las energías gravitatoria y de agitación térmica de la nube sean precisamente iguales, diremos que la masa de la nube es la de Jeans, M_J, y su tamaño, la longitud de onda de Jeans, λ_J. Tendremos

$$\frac{G(\rho\lambda_J^3)^2}{\lambda_J} \approx kT\frac{\rho}{m}\lambda_J^3 \tag{3.15}$$

En efecto, la masa de la nube es del orden de $\rho\lambda_J^3$ luego el primer miembro es la energía potencial. En el segundo, kT es la energía de un átomo, ρ/m es el número de partículas por unidad de volumen y λ_J^3 del orden del volumen. De aquí deducimos λ_J y calculamos la masa de Jeans mediante

$$M_J = \rho\lambda_J^3 = \rho^{-1/2}\left(\frac{kT}{mG}\right)^{3/2} \tag{3.16}$$

Si la temperatura es constante, $M_J \propto \rho^{-1/2}$. Hay que considerar a la masa de Jeans como un límite. Las nubes que tengan una masa superior a la de Jeans colapsarán. Es de esperar que M_J tenga algún valor relacionado con la masa real de una estrella. Si adoptamos $T \sim 100$ K, $n \sim 7\ cm^{-3}$, obtenemos $M_J \sim 3 \times 10^4\ M_\odot$. Este resultado es desesperanzador, pues hubiéramos esperado

$M_J \sim 1\ M_\odot$. Pero sabemos que las estrellas no nacen aisladas, sino en los cúmulos abiertos que están formados por $\sim 10^4$ estrellas.

Efectivamente, los cúmulos abiertos tienen una densidad de estrellas insuficiente para mantenerse unidas por su autogravitación. Por tanto, acabarán disolviéndose, y si no lo han hecho aún, es porque no han tenido tiempo. Por tanto, las estrellas de un cúmulo abierto tienen la misma edad, la edad de las más azules observadas. De esta forma sabemos cuántas estrellas nacen juntas y su masa corresponde a la de Jeans. Todas esas estrellas son cogenéticas, habiendo nacido de una misma nube protoestelar que se hizo inestable.

La pregunta es entonces ¿por qué las estrellas tienen la masa que tienen? ¿Por qué la nube original se parte en mil pedazos? ¿A qué se debe esta «fragmentación» de la nube? Vimos que, si podemos considerar el proceso «isotermo», es decir con la temperatura constante, $M_J \propto \rho^{-1/2}$. A mayor densidad, menor masa de Jeans, y más facilidad para la formación de colapsos. No es de extrañar que la temperatura sea una constante pues, el exceso de energía en la contracción, por ejemplo, podría ser radiativamente desalojado.

Supongamos que comienza el colapso. La densidad aumenta, la masa de Jeans disminuye, lo que quiere decir es que, progresivamente, masas más pequeñas pueden colapsar. Se forman entonces subcolapsos dentro del colapso. Y más adelante, sub-sub-colapsos dentro de los subcolapsos y así se va generando el proceso de fragmentación.

Se detiene la fragmentación, y por tanto hay un límite inferior de subcolapsos, y hay una masa de los fragmentos más pequeños, cuando la densidad de los fragmentos es ya tan alta que el proceso ya no se puede considerar isotermo. Los fotones no pueden ya escapar de la nube porque la absorción es ya muy fuerte, y el medio muy opaco. El proceso dejará de ser isotermo y se convertirá en adiabático, es decir, sin intercambio de calor con el exterior. Sabemos que en un proceso adiabático para un medio monoatómico, $T \propto \rho^{2/3}$ (véase Material B8). En la fórmula anterior, tendremos $M_J \propto \rho^{-1/2} T^{3/2} \propto \rho^{-1/2}\ \rho = \rho^{1/2}$. Ahora las cosas han cambiado drásticamente: a mayor densidad, la masa capaz de colapsar es mayor. La adiabacia, por tanto, detiene la fragmentación. Pero la pregunta sigue siendo ¿cuál es el tamaño del último fragmento?

La transición de la isotermia a la adiabacia tendrá más o menos lugar cuando el camino libre medio de los fotones sea igual al tamaño de la nube λ_J.

Para obtener una estimación del camino libre medio, procedemos como sigue. Recordemos la fórmula (1.12) que nos dice cómo va penetrando la luz en un medio semitransparente. El flujo f se habrá reducido en un factor e, que ya es bastante significativo, cuando el rayo haya penetrado una longitud $(\kappa\rho)^{-1}$. Un fotón entonces tendrá poca probabilidad de penetrar mucho más y poca probabilidad de penetrar mucho menos. Por tanto, $\lambda = (\kappa\rho)^{-1}$ es una buena definición del camino libre medio de los fotones.

En nuestro caso, la longitud del último fragmento se tendrá cuando el camino libre medio de los fotones se haga del orden de la longitud de onda de Jeans, $\lambda = \lambda_J$. Con la expresión de λ y la ecuación (3.16) obtenemos para la masa M_{UF}, del último fragmento

$$M_{UF} = \left(\frac{kT}{Gm}\right)^2 \kappa \tag{3.17}$$

$\kappa \sim 1$ en el visible para el medio interestelar, aunque la temperatura aún baja (pues la estrella no ha nacido completamente) hará que los fotones sean infrarrojos, para los que κ es menor, quizá 0.1. Obtenemos entonces $M_{UF} \sim 0.75\ M_\odot$. Aunque con un cálculo de órdenes de magnitud, hemos respondido a una de las preguntas básicas de la Astrofísica: ¿por qué las estrellas tienen la masa que tienen? El proceso de fragmentación será lógicamente irregular y caótico, por lo que no todas las estrellas nacerán con la misma masa. Hay que hacer notar que éste ha sido un cálculo muy sencillo. La formación de estrellas grandes puede alterar sustancialmente la situación de la nube protoestelar. El campo magnético influye mucho, evitando el colapso inicialmente y favoreciéndole después. El momento cinético inicial también supone un impedimento para el colapso, que puede ser aliviado mediante la formación de sistemas binarios o formación de sistemas planetarios.

8 El campo magnético

El gas interestelar está ionizado. Incluso las nubes de HI tienen una ionización del orden del 10%. En las nubes de H_2 la ionización depende de la profundidad, pero es, en cualquier caso, muy importante. Esto hace que el movimiento del gas interestelar esté muy influenciado por el campo magnético. A su vez, el movimiento del fluido decide la evolución del campo magnético. El gas interestelar tiene unas características de plasma que es preciso considerar, pese a las dificultades matemáticas que caracterizan a la física de plasmas en general.

Hay otros plasmas importantes en Astrofísica, en especial los de las ionosferas y magnetosferas planetarias, las atmósferas estelares y el espacio intergaláctico, para los que son válidas las consideraciones que siguen. De particular interés es también el plasma relativista en la época pregaláctica del Universo. La imagen de una «bolita» para las partículas de un gas es, aunque imperfecta, intuitiva y útil. Para el campo magnético buscamos otra imagen: el campo viene representado con sus «líneas de fuerza» (concepto válido para todo campo vectorial) que, en este caso, se llaman líneas de campo magnético. Denominaremos a éste como $\vec{B}$ (en el Cosmos la distinción entre los campos $\vec{H}$ y $\vec{B}$ es prácticamente innecesaria). Las líneas de campo se definen de forma que son tangentes en todo punto a $\vec{B}$. Tienen un sentido que coincide con el de $\vec{B}$. Por cualquier punto del espacio pasa una línea de campo, pero sería absurdo representarlas todas. Forma parte de la definición el que las líneas representadas estén tanto más apretadas cuanto mayor sea el módulo de $\vec{B}$. Así pues, igual que nos imaginamos un gas como un conjunto de bolitas moviéndose en todas direcciones y chocando entre ellas con frecuencia, ahora nos imaginamos el campo magnético como un conjunto de líneas que van moviéndose según evoluciona aquél.

El campo afecta al movimiento de las partículas cargadas. Produce sobre ellas una fuerza, llamada de Lorentz, que viene dada por

$$\vec{F} = q\left(\frac{\vec{v}}{c} \times \vec{B}\right) \tag{3.18}$$

donde q es la carga de la partícula, $\vec{v}$ su velocidad y c la de la luz. La fuerza es perpendicular tanto a $\vec{v}$ como a $\vec{B}$. Cuando $\vec{v}$ es paralelo a $\vec{B}$, es decir, cuando la partícula se mueve en la dirección del campo, no hay fuerza, no hay trabajo, y por eso las partículas se mueven fácilmente a lo largo de las líneas de campo que, cuando es muy intenso, se convierten en los raíles naturales de las partículas.

El comportamiento de las líneas de campo se basa en dos leyes de la Física que forman parte de las ecuaciones de Maxwell, fundamentales del Electromagnetismo:

a) Las líneas no nacen ni mueren en ningún punto. No hay ni fuentes ni sumideros. Por lo tanto, las líneas, o bien vienen del infinito y al infinito van, o son cerradas. Matemáticamente se expresa esta condición diciendo, $\nabla \cdot \vec{B} = 0$, o bien que el campo magnético tiene «divergencia» nula.

b) Ley de la inducción de Faraday

$$\frac{\partial \vec{B}}{\partial t} = -c\nabla \times \vec{E} \qquad (3.19)$$

$(\nabla \times \vec{E})$ es el «rotacional» del campo eléctrico. El giro de las líneas de campo eléctrico decide la evolución del campo magnético.

Como la densidad es muy baja, un electrón se mueve con facilidad. Si la ionización es alta además, la conductividad eléctrica es muy alta. Se recurre incluso a la idealización de suponer que la conductividad eléctrica es infinita. A esta condición se la llama de «plasma ideal», y también se dice que las líneas de campo magnético están «congeladas», o simplemente, que el campo está «congelado». Pronto justificaremos este nombre.

Si la conductividad es infinita, tenemos una situación muy parecida a la de un metal conductor. En el interior de un metal no hay campo eléctrico. La razón es que si le hubiera —recordémoslo con la figura 28— las cargas positivas y negativas se moverían libremente hasta llegar al borde del metal, en direcciones opuestas, y la nueva distribución de cargas crearía un campo eléctrico de sentido contrario que anularía el primero. Las cargas se mueven libremente hasta destruir el campo eléctrico.

Figura 28

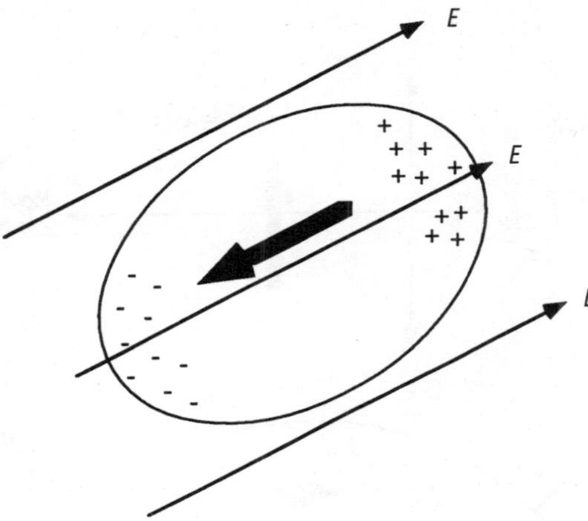

En el Cosmos pasa lo mismo. Las cargas eléctricas destruyen al campo eléctrico, o más bien, tienden a destruirle. Por eso, este apartado se dedica al campo magnético y no al eléctrico. Lo que establece la diferencia entre ambos campos es que las cargas libres del magnetismo, los llamados «monopolos magnéticos», que de igual forma destruirían el campo magnético, o no existen o son muy pocos.

Hay ciertamente campos eléctricos, pero juegan frecuentemente un papel extraño. Vamos a hablar de campo eléctrico de «enganche». Pongamos un ejemplo elemental. En la atmósfera de un planeta hay un campo eléctrico vertical, incluso si esa atmósfera está completamente en reposo. Como las partículas positivas (iones) son bastante más pesadas que las negativas (electrones) las positivas tenderían a situarse más abajo y las negativas más arriba. Pero la separación inicial crearía un campo eléctrico que impediría que la separación de cargas progresara. Este campo eléctrico de enganche mantiene unidas las cargas positivas y negativas, evitando una separación gravitatoria y asegurando la neutralidad macroscópica de cargas.

En la figura 29a se considera un campo magnético $\vec{B}$, dirigido hacia fuera del papel (símbolo $\odot$). Se considera que el plasma se

Figura 29

a)

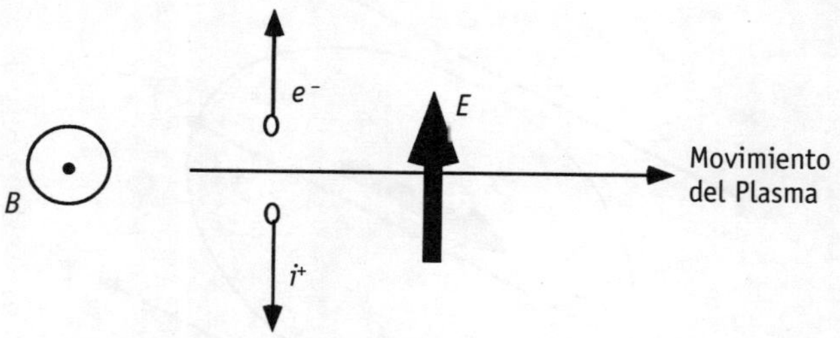

b)

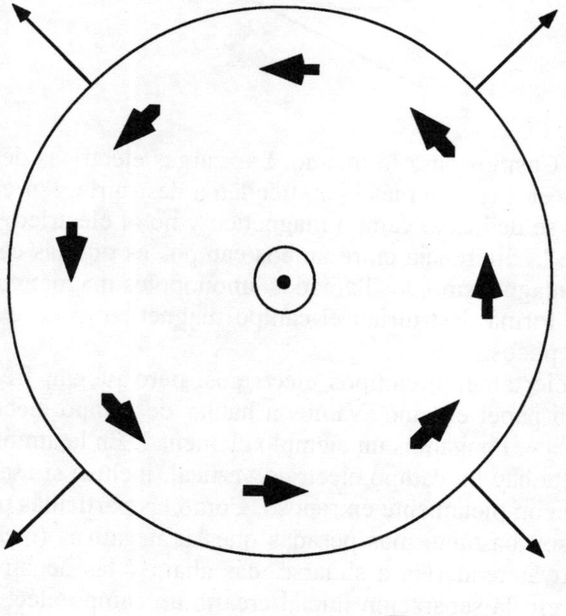

c)

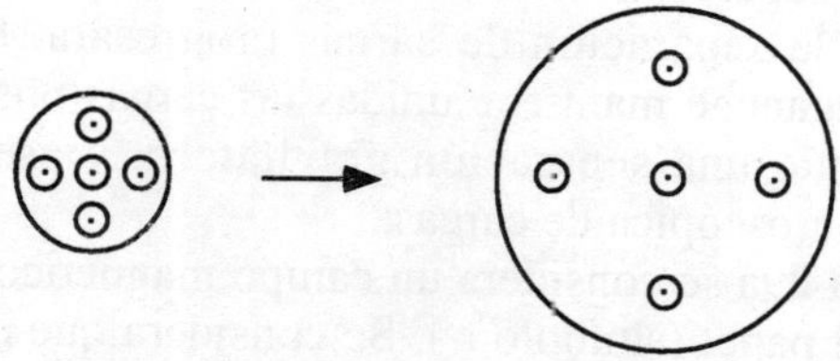

mueve perpendicularmente a él, en el plano del papel. La fuerza de Lorentz tendería a desplazar las cargas positivas y negativas en direcciones opuestas. Para evitar la separación y asegurar la neutralidad macroscópica, se establece un campo eléctrico de enganche.

Aprovechemos esta idea para justificar la palabra «congelación». Esta palabra, y por tanto esta idea, sirve para fortalecer nuestra intuición, compensando nuestra falta de familiarización con los fenómenos del magnetismo cósmico.

Supongamos una nube en expansión. De acuerdo con la figura anterior, se crearía ahora un campo eléctrico de enganche, que sería circular, como en la figura 29b. El $\nabla \times \vec{E}$ crearía $\partial\vec{B}/\partial t$ con igual dirección a $\vec{B}$ pero de sentido contrario. La expansión haría disminuir a $\vec{B}$, sus líneas de campo se separarían. Como la nube está en expansión, las partículas de la nube se van separando y —vemos ahora— las líneas de campo también. Todo parece como si las líneas estuvieran «pinchadas» o «congeladas» en el plasma. Este argumento cualitativo está respaldado cuantitativamente, aunque omitimos la demostración. Supongamos ahora otro ejemplo. Se trata de un movimiento del plasma en conjunto perpendicular al campo magnético, que provocaría una separación de cargas, nuevamente evitado por un campo eléctrico de enganche, según la figura 30. Pero ahora, $\nabla \times \vec{E} = 0$ y no habría creación de $\vec{B}$, que se mantendría inalterado. Pero el campo representado con flechas continuas es realmente el mismo que el representado con flechas discontinuas que se van desplazando con velocidad v con respecto a aquellas.

En ambos casos, y en otros que nos pudiéramos poner, las líneas van como «pinchadas» en el gas. Cuando éste se mueve, se las lleva con él. Esto es congelación.

Cuando el gas aumenta su densidad, las líneas del campo se juntan en general, aumenta el módulo de $\vec{B}$, y por tanto aumenta la densidad de energía magnética. Cuando hay gradientes de energía magnética, de igual forma que cuando hay un gradiente de presión, se produce, o hay una tendencia a que se produzca, un movimiento que uniformice la densidad de energía magnética. Este movimiento desplaza tanto a las partículas de gas como a las líneas congeladas de campo. Así, la densidad de energía magnética influye en el movimiento como si fuera una verdadera presión adicional.

Figura 30

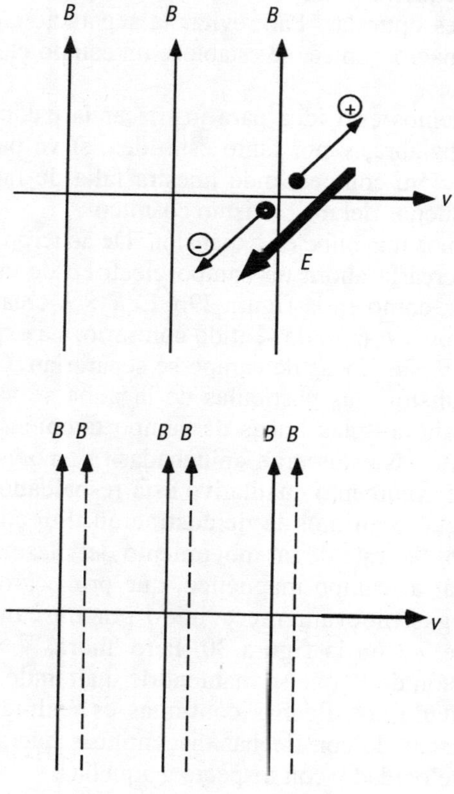

También el campo actúa anisotrópicamente sobre el movimiento, tendiendo a esparcir al gas a lo largo de las líneas, ya que las partículas difunden con facilidad, por sus raíles naturales, las líneas de campo. Así que no sólo el movimiento influye en el campo; también el campo influye en el movimiento.

Como un primer ejemplo, veamos con la figura 31, cómo se explica el ciclo solar de 11 años. Cada 11 años se produce un máximo de actividad solar, aparecen más manchas, y aumentan las erupciones que producen un viento solar más intenso y racheado.

En la primera figura, aparece una sola línea de campo, porque su módulo es pequeño. Pero la rotación del Sol es diferen-

Figura 31

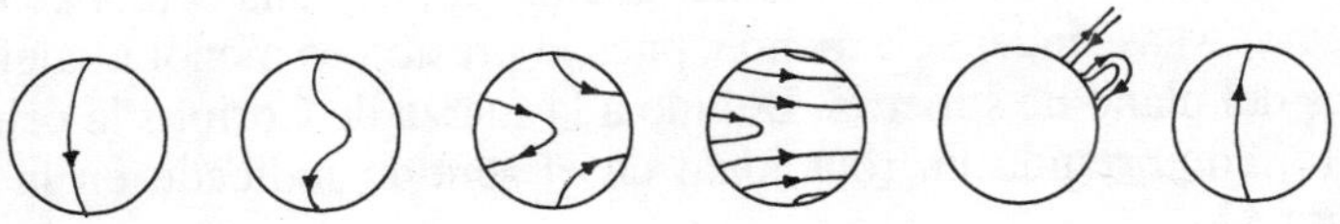

cial, el ecuador gira más deprisa, por lo que la atmósfera solar, al ir girando, va deformando y apretando las líneas congeladas del campo. De esta forma, el módulo de $\vec{B}$ va aumentando, hasta que la densidad de energía es altísima y supera el efecto de la presión. Se producen entonces erupciones, en las que a veces las líneas retornan al Sol, y a veces se abren al espacio interplanetario. El viento solar se hace máximo. Las líneas de campo son eyectadas y la atmósfera vuelve a tener un campo débil, representado por una sola línea. Vuelve así a comenzar un ciclo que dura 11 años.

Esto es una visión esquemática del llamado mecanismo «dinamo» del Sol. También en las galaxias hay un mecanismo dinamo que explica la evolución y distribución actual del campo magnético galáctico.

Figura 32

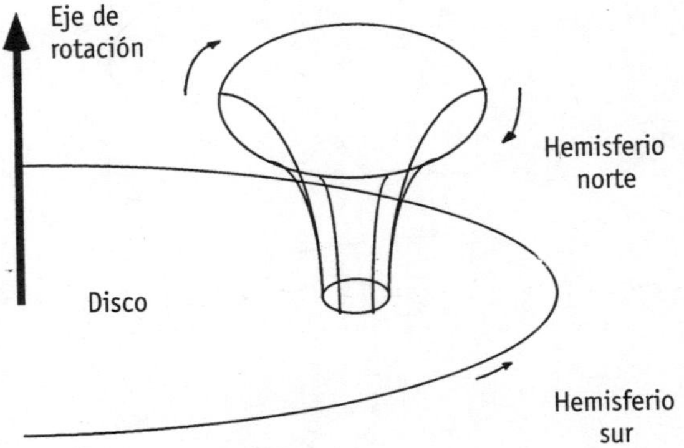

El gas tiene movimientos turbulentos. Supongamos que en el hemisferio «norte», definido convencionalmente como aquél al que va dirigido el vector momento cinético, hay una célula ascendente. Al ascender se expande, pues la presión es menor al alejarnos del plano de simetría. Debido a la fuerza de Coriolis la célula gira, adquiriendo un rotacional en el sentido indicado en la figura 32.

Si la célula desciende, el giro es precisamente en sentido contrario. A pesar de lo caótico de la turbulencia, hay algo regular. Parece haber una correlación entre $\vec{v}$ y $\nabla \times \vec{v}$, de tal forma que el valor medio de su producto escalar $<\vec{v} \cdot \nabla \times \vec{v}>$ no es nulo. En el hemisferio sur, todo se invierte, lo que no hace más que reforzar esta conclusión.

Figura 33

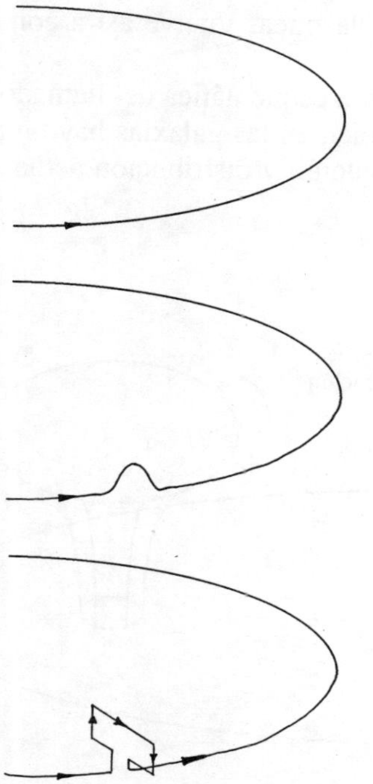

Veamos entonces que este efecto, llamado efecto α, puede ser parte de un mecanismo de amplificación del campo magnético galáctico. Supongamos (figura 33) que el campo magnético sea azimutal, es decir, que las líneas sean círculos en planos paralelos al de simetría. Pero en cierto punto, debido a la turbulencia, una célula ascendente se genera. Según hemos visto, la congelación del campo hace que éste adquiera un abultamiento. Pero, según también hemos visto, la fuerza de Coriolis hace que la célula gire, y la congelación hace que la línea se retuerza. El resultado puede ser que de un campo azimutal resulte un campo radial.

Pero ahora podemos ver también cómo de un campo radial puede obtenerse un campo azimutal. Esto se consigue mediante el llamado efecto Ω. Consideremos un campo radial. Como la rotación de la galaxia es diferencial (θ depende de r), debido a la congelación, una línea solamente (indicativa de un campo magnético débil) se va retorciendo. Las líneas de campo se convierten poco a poco en espirales. El resultado es que se genera un campo azimutal e intenso. El efecto se va amplificando en cada vuelta de la galaxia (véase figura 34).

Así que el efecto α produce campo radial a partir del azimutal y el efecto Ω produce campo azimutal a partir del radial. El resultado final es que el campo va creciendo en módulo en cada vuelta que da la galaxia, y que al final es azimutal casi puro. En efecto, el campo azimutal es el resultado más sencillo de este proceso, llamado dinamo $\alpha\Omega$, y muchas galaxias espirales tienen realmente un campo magnético azimutal puro.

Hay que advertir que este modelo, tenido como indiscutible durante unos veinte años, se ha puesto hoy en duda. Una de las razones es que la dinamo $\alpha\Omega$ va haciendo crecer exponencialmente al campo, a partir de valores muy bajos, hasta el valor actual de varios microgauss. Pero se han observado galaxias muy primitivas, incluso sistemas pregalácticos (los llamados bosques de Ly α de los que pronto hablaremos) que estaban ya tan magnetizados como hoy. Es más, el medio intergaláctico (tanto hoy como en tiempos primitivos) parece poseer un campo magnético ubicuo de 1-3 μG. Es posible entonces que las galaxias estuvieran tan magnetizadas en sus primeros momentos como lo están hoy, haciendo innecesaria y menos creíble la dinamo.

Figura 34

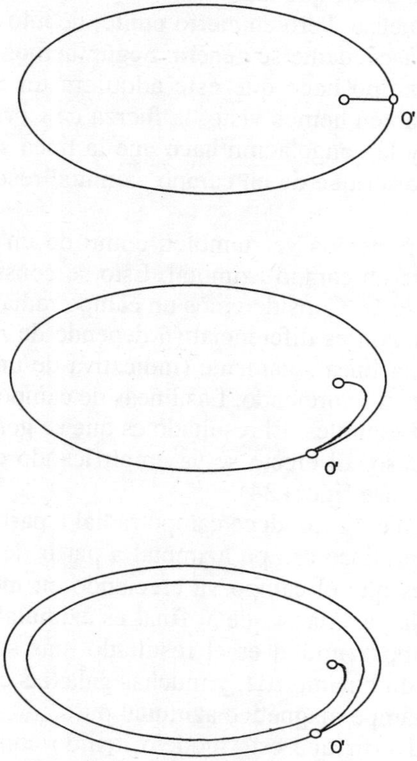

El campo magnético galáctico puede producir lo que se llaman inestabilidades de Parker (véase figura 35). Supongamos una línea de campo en el disco, con $z = 0$. Debido a una pequeña perturbación inicial, la línea se abomba en la dirección vertical. La materia contenida en la línea, debido a la gravedad, tiende a caer, pero no lo hace en la dirección vertical en que subió, sino resbalando por las líneas de campo que, como dijimos, son como las vías naturales por las cuales el plasma se mueve sin trabajo. La zona en la parte alta de la línea se ve de pronto liberada del peso de esta materia y sigue ascendiendo. Al final se produce una auténtica eyección de gas y campo magnético fuera del disco, en dirección vertical.

Figura 35

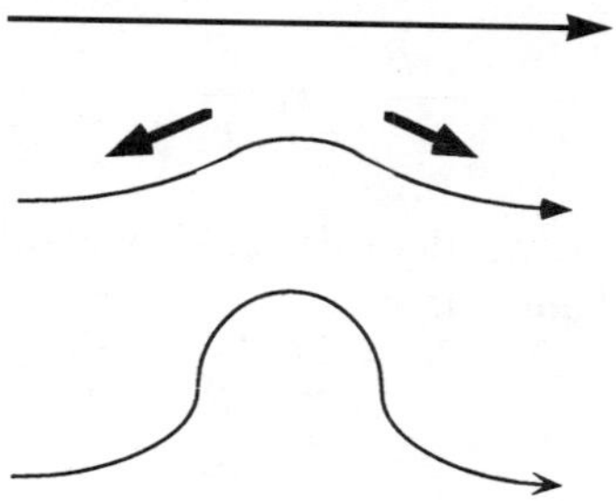

El magnetismo afecta profundamente al proceso de colapso en la formación de estrellas. Al principio, el colapso puede proceder anisotrópicamente y formar discos perpendiculares al campo, pues es más sencilla la contracción a lo largo de las líneas de campo. Para llegar a formar estrellas esféricas, en principio, hay que apretar las líneas de campo, aumentando en el centro la densidad de energía magnética, lo que provoca una fuerza hacia afuera impidiendo la formación estelar. Pero las líneas, retorcidas por la rotación de la estrella, tienen que permanecer «ancladas» en el infinito, lo que produce un frenado magnético, que alivia la dificultad de colapso introducida por el aumento de la fuerza centrífuga, que acompaña a la disminución de radio, como consecuencia de la conservación del momento cinético. Cuando se forma un cuásar, el radio disminuye mucho, por lo que aumenta mucho su velocidad, aunque quizá conserve su carácter diferencial. Las líneas de campo se aprietan extraordinariamente y así resulta el elevado campo magnético de un cuásar, del orden de unos 10^{10} veces más alto que en una estrella normal.

9 La radiación sincrotrón

Supongamos que un electrón se mueve perpendicular al campo magnético con una velocidad $\vec{v}$. Sabemos que la fuerza de Lorentz es perpendicular a ambos (ecuación 3.18), luego tiene que estar dirigida hacia la línea de campo (véase figura 36). La fuerza central de Lorentz podrá ser compensada con la fuerza centrífuga. Si el electrón inicialmente tiene $\vec{v} \perp \vec{B}$, girará alrededor de $\vec{B}$, siendo

$$\frac{evB}{c} = m_e \frac{v^2}{r} \tag{3.20}$$

El radio de giro dependerá de la velocidad del electrón. En cambio la velocidad angular, no:

$$\omega = \frac{v}{r} = \frac{eB}{m_e c} \tag{3.21}$$

Cuando el electrón se mueve paralelo a $\vec{B}$, no está sometido a ninguna fuerza y continuará con su trayectoria rectilínea. En la práctica, el electrón tendrá ambos componentes y tendrá que, simultáneamente, girar alrededor de $\vec{B}$ y desplazarse a lo largo de $\vec{B}$. Una trayectoria así se llama hélice. Los electrones describen hélices alrededor de $\vec{B}$.

Figura 36

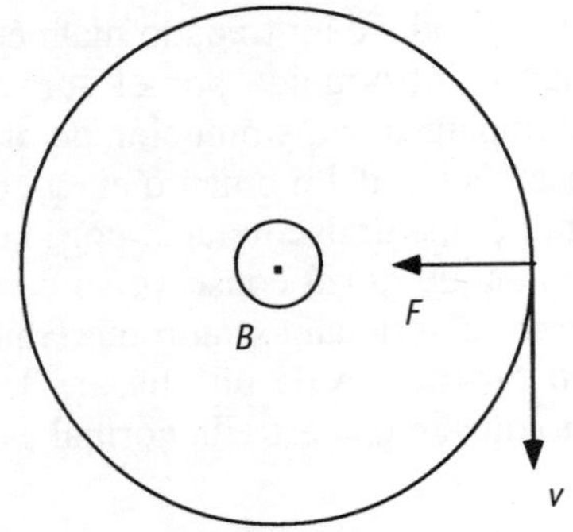

Cuando un electrón se pone a girar alrededor del campo magnético recorriendo una trayectoria helicoidal, está siendo acelerado. En efecto, no sigue una trayectoria rectilínea, luego hay una aceleración. Un electrón acelerado emite radiación electromagnética y la radiación correspondiente a la aceleración centrípeta de una trayectoria helicoidal es la llamada radiación sincrotrón. Los electrones con velocidades moderadas, o electrones térmicos, emiten muy poco, pero los electrones relativistas de los rayos cósmicos producen una radiación sincrotrón que domina el continuo de las ondas de radio. La intensidad de la radiación depende del campo magnético, de la densidad de electrones relativistas y de la energía de éstos.

La emisión es isótropa en el sistema de referencia propio del electrón, pero para un observador en la Tierra se produce en un ángulo sólido muy estrecho de la dirección de movimiento, siendo éste un efecto relativista en el que no podemos entrar. Vemos entonces que sólo podemos observar la radiación producida por un campo magnético perpendicular a la línea de visión (véase figura 37).

Figura 37

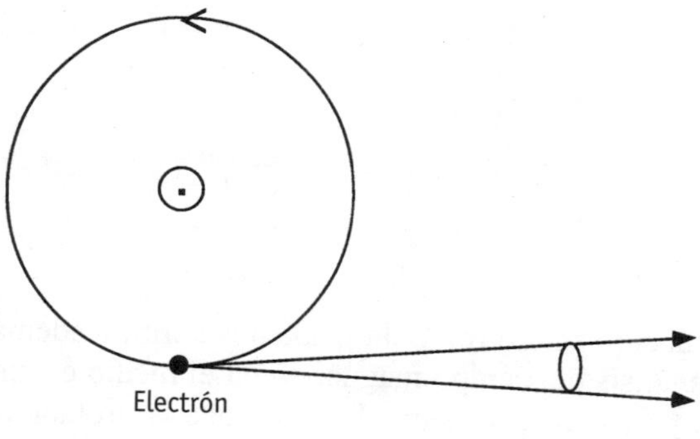

La radiación sincrotrón está polarizada. Los electrones no sufren aceleración en la dirección de $\vec{B}$. Por tanto, no se producen oscilaciones de $\vec{E}$ en esta dirección. Las oscilaciones de $\vec{E}$ se producen en el plano perpendicular a $\vec{B}$, de las cuales nosotros observaremos las perpendiculares a la línea de visión. Por tanto, dirección de observación, dirección de $\vec{B}$ y dirección de oscilación de $\vec{E}$ observada, son tres direcciones que forman mutuamente 90° formando un triedro.

En la figura 38 vemos el plano del cielo perpendicular a la línea de visión. La dirección de $\vec{B}$, además de perpendicular a la línea de visión es perpendicular a la dirección de polarización de $\vec{E}$. Como en la onda, $\vec{E}$ y $\vec{B}$ son perpendiculares entre sí y perpendiculares a la línea de visión, la dirección de polarización de $\vec{B}$ observada coincide con la dirección de $\vec{B}$ en la galaxia. Si representamos una raya en la dirección de polarizacion de $\vec{B}$ observada, tanto más larga cuanto mayor sea la intensidad, podemos hacernos una idea del campo magnético en una galaxia. En la figura 39 representamos la intensidad de sincrotrón polarizada, con la dirección de polarización de $\vec{B}$, esperable en una galaxia con un campo magnético perfectamente azimutal, según si la galaxia está de cara o de perfil.

Figura 38

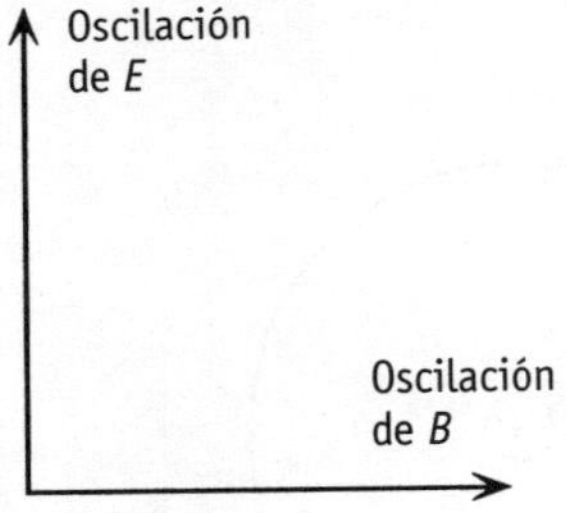

La radiación sincrotrón polarizada nos permite además un método de análisis del campo magnético en el medio existente entre la fuente y nosotros, pues en él se produce la «rotación de Faraday», según la cual, el plano de polarización gira un ángulo que depende de $\lambda^2 \int_0^{fuente} B_{\|} n_e dl$. Ahora $B_{\|}$ es la componente del campo en la línea de visión, n_e es ahora el número de electrones térmicos por unidad de volumen y dl es el elemento de longitud en la dirección de observación. Vemos que el ángulo girado es también proporcional a λ^2, lo que nos permite, observando en varias longitudes de onda, determinar la integral de la expresión anterior, sin conocer previamente la dirección de polarización inicial. Para extraer $B_{\|}$ de la integral anterior hay que recurrir a una estimación independiente de n_e.

Figura 39

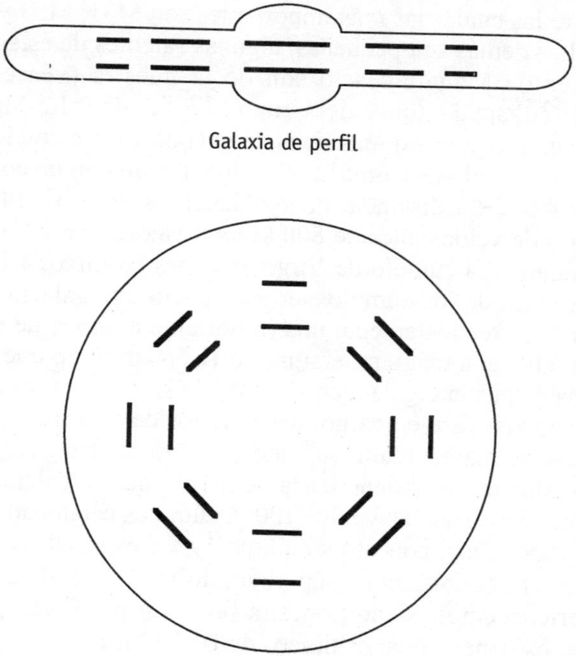

Galaxia de perfil

Galaxia de cara

La radiación sincrotrón se observa no solamente en galaxias, sino además en el medio intergaláctico y de forma especial en las radiofuentes, lo que nos permite apreciar la importancia del campo magnético en una amplia serie de objetos astrofísicos. Una gran parte de la información recibida del Cosmos nos llega gracias a la radiación sincrotrón.

10 Agrupamientos de galaxias

Hay cúmulos de galaxias, supercúmulos, que son cúmulos de cúmulos de galaxias y una estructura a gran escala formada por el conjunto de supercúmulos.

Algunos cúmulos son pequeños, como el Grupo Local, al cual pertenece la Vía Láctea. Está formado por poco más de 20 galaxias, entre las cuales las más importantes son M31, M33 y la Vía Láctea. Las demás son pequeñas, algunas satélites de éstas, como las Nubes de Magallanes lo son de la nuestra (véase Material A18). El tamaño típico del Grupo Local es de ~1.5 Mpc.

Hay cúmulos mucho más ricos de galaxias. Un ejemplo típico y próximo es el de Coma a 90 Mpc de distancia con unos 10^4 miembros. La distancia intergaláctica es de ~0.2 Mpc y la dispersión de velocidades de 800 km s^{-1}, valores bastante típicos en un cúmulo. El cúmulo de Virgo está más próximo, a 15 Mpc. En la mayoría de los cúmulos, en el espacio intergaláctico intracumular hay frecuentemente una importante emisión de rayos X correspondiente a una temperatura de 10^7 – 10^8 K, lo que supone una masa de gas intergaláctico similar a la suma de la masa de todas las galaxias. Sin embargo, los cúmulos de galaxias presentan problemas de masa oscura: sumando la masa de las galaxias y la del gas caliente, se obtiene bastante menos que la calculada con el teorema del Virial. Hay unos 10000 cúmulos catalogados.

El Grupo Local con otros cúmulos y, en especial, con el cúmulo de Virgo, forman el supercúmulo de Virgo al que, claro está, pertenecemos, siendo nuestra posición periférica. Los supercúmulos tienen tamaños típicos de 10-20 Mpc.

Los supercúmulos se agrupan formando filamentos descomunales de materia. Los filamentos se unen unos con otros formando poliedros, que a su vez, forman parte de una estructura sorprendentemente cristalina, que sugiere un ajedrez tridimensional, aunque los datos disponibles son aún pocos. La regularidad de la red que caracteriza la estructura también se aprecia en la distribución de los cuásares. Entre los filamentos hay grandes vacíos, cuyo tamaño vienen a ser de unos 50 Mpc (véase Material A21), algo menor que la longitud de los filamentos, hasta entroncarse con otros filamentos, de ~150 Mpc.

En el espectro de los cuásares se observan unas rayas de absorción, llamadas «Bosque de Lyα». Son producidas por una serie de nubes de hidrógeno situadas entre el cuásar y nosotros. Todas ellas absorben en la posición de la raya de Lyα, pero como están a diferentes distancias, tienen corrimientos al rojo distintos y cada nube produce la absorción de Lyα a una longitud de onda diferente. Se observa, no una línea Lyα, sino todo un «bosque» de la misma línea repetida muchas veces. Se interpretan como galaxias en formación y tienen ya una alta magnetización. También se observa entre los «árboles» del «bosque» un espaciado regular con apreciable periodicidad.

Se detectan también con cierta frecuencia las llamadas «Lentes Gravitatorias». Puede ser que la luz procedente de un cuásar pase muy cerca de una galaxia o un cúmulo. La Relatividad enseña que la luz cambia de dirección al pasar por un campo gravitatorio intenso. La galaxia intermedia puede hacer entonces de lente gravitatoria. La imagen del cuásar, si la galaxia estuviera justo en la línea de visión, sería un anillo —el anillo de Einstein— que efectivamente se ve en algunos casos: en general, la imagen no es perfecta, por falta de simetría en la lente. Un anillo prácticamente perfecto es el de B1938+666 obtenido por el Hubble Space Telescope.

4. Cosmología

1 Cosmología Newtoniana

La Cosmología estudia la evolución del Universo y el Universo es, por definición, todo. La Cosmología precisa la Relatividad General y, especialmente en las etapas más primitivas, la Física de Partículas Elementales. Sin embargo, la Mecánica de Newton nos permite introducirnos en lo esencial y, lo que es más interesante, proporciona las mismas ecuaciones, correctas y corroboradas por la Relatividad. La Cosmología Newtoniana (o Cosmología que utiliza la Mecánica Clásica) constituye pues una buena introducción, sencilla y profunda, y a ella nos ceñiremos. La Cosmología Relativista proporciona otra interpretación y otro lenguaje de los que hablaremos someramente al final.

2 El Principio Cosmológico

Aristarco y Copérnico nos enseñaron que la Tierra no es el centro del Sistema Solar. Hoy sabemos que el Sol es una estrella cualquiera de una galaxia cualquiera. Si queremos pensar sobre el

Figura 40

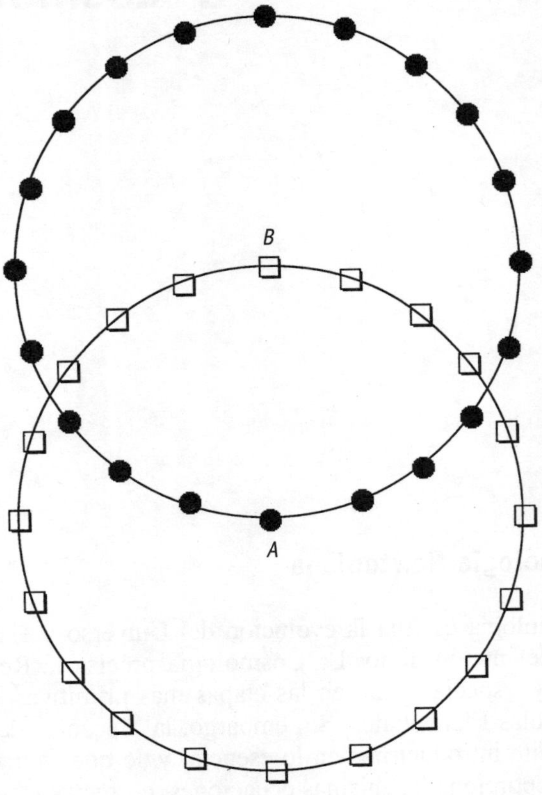

Universo, necesitamos asumir que nuestro rincón particular de observación no nos proporciona una visión particular de él. Nuestro punto de observación es un punto cualquiera porque todos los puntos son un punto cualquiera. Esto es filosóficamente atractivo, por lo que asumimos el llamado Principio Cosmológico que dice: «El Universo es homogéneo e isótropo».

Todas las magnitudes como la presión, la temperatura, la composición química, etc., no tienen gradientes. Tienen el mismo valor en todos los puntos del Universo (homogeneidad). Observamos siempre lo mismo, observemos en la dirección que observemos (isotropía). En realidad, la isotropía implica homogeneidad, pero la homogeneidad no implica isotropía, con lo cual, de forma más abreviada, el Principio Cosmológico podría enunciarse así: «El Universo es isótropo».

Para comprobar que la isotropía implica homogeneidad, situémonos en A (figura 40). Como todas las direcciones son equivalentes todos los puntos □ situados a la misma distancia de A son equivalentes. Uno de estos puntos es B. Situémonos en B. Todos los puntos •, situados a la misma distancia de B son equivalentes. Pero la circunferencia con centro en A y la circunferencia con centro en B se cortan en dos puntos. Los puntos de corte habrán de ser tanto del tipo □ como del tipo •, luego los puntos □ y • son equivalentes. Si ahora nos situamos en otros puntos, con el razonamiento anterior, podemos ver que todos los puntos del Universo son equivalentes, es decir, el Universo es homogéneo.

En cambio, la homogeneidad no implica isotropía. Por ejemplo, el Universo podría tener un campo magnético uniforme en todo el espacio sin perturbar la homogeneidad. Por tanto, cuando decimos que «el Universo es homogéneo e isótropo» estamos empleando intencionadamente una palabra de más.

Sin embargo, no parece que nuestro entorno inmediato nos sugiera la homogeneidad. El lector y el libro no tienen ni la misma densidad, ni la misma temperatura, etc. Cuando hablamos del Principio Cosmológico, no nos referimos a estas diferencias de detalle, sino a una escala muy grande, mucho mayor que un supercúmulo de galaxias, a escalas superiores a varios cientos de Mpc. Hay que decir, no obstante, que aunque nuestros telescopios nos permiten la observación de la materia a mayores y mayores distancias, los catálogos más profundos no han llegado a apreciar la homogeneidad.

Partiendo de que estamos en un punto cualquiera y de que todos los puntos son puntos cualesquiera, hay otra alternativa al Principio Cosmológico. En efecto, el Universo podría ser un «fractal». Pongamos el ejemplo particular del Universo fractal propuesto por Fournier d'Albe, a principios de siglo. En este Universo, la materia, lejos de distribuirse homogéneamente, se distribuía en nubes esféricas situadas en los vértices de un octaedro. Este octaedro se representa en la figura 41. En ella representamos solo 4 nubes, mientras que el octaedro tendría 6. Las dos que faltan estarían una por encima del papel y la otra por debajo.

Figura 41

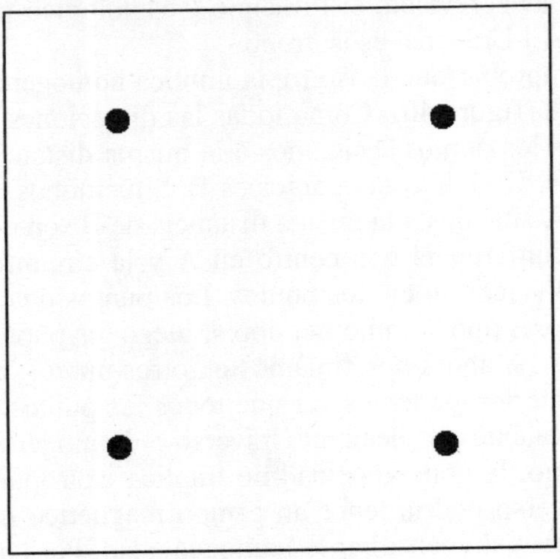

Ahora queremos saber cómo es la distribución de materia dentro de una nube. Ampliamos la escala, acercando la lupa para ver con detalle el interior de una nube y el resultado se representa en la figura 41. A continuación, queremos saber cómo es por dentro una «subnube», que estaba en el interior de una nube. Y el resultado son las 6 «sub-sub-nubes» representadas en la figura 41. Y así sucesivamente.

Hay que decir que, aunque el Universo parece realmente tener una estructura fractal a escalas muy grandes, del orden de ~100 Mpc, se sigue creyendo generalmente que el Universo es homogéneo a escalas aún mayores.

Actualmente, se acepta el Principio Cosmológico, pero no el llamado Principio Cosmológico Perfecto. Supone este Principio, filosóficamente aún más atractivo, que no sólo todos los lugares del Universo son equivalentes, sino que también todos los instantes de tiempo lo son. Se rechaza porque el Universo da muestras claras de irreversibilidad temporal en prácticamente todos sus procesos. La diferencia entre pasado y futuro parece clara en todas las escalas de tiempo (por ahora) accesibles a la observación. Además, el Universo parece estar en expansión, como veremos a continuación. Si el Universo se expande, la densidad tiene que disminuir con el tiempo, al menos si aceptamos que las actuales leyes de la Física son válidas. Pensaremos que nuestras leyes de la Física son válidas al aplicarlas al Universo, al menos mientras no nos lleven a un callejón sin salida, con resultados incompatibles con la observación.

Hay, tras el Principio Cosmológico, una paradoja. Si todos los puntos son equivalentes el Universo no podría ser finito. Si fuera finito, el Universo tendría un centro y unos bordes, y la equivalencia de todos sus puntos no podría admitirse. Un observador en el borde no podría ver lo mismo observando hacia el centro que observando en dirección anti-centro, en la que no vería ninguna galaxia. Estrictamente pues, dentro del marco de la Cosmología Newtoniana, el Principio Cosmológico sería sólo compatible con un Universo infinito. Sin embargo, la Cosmología actual no rechaza que el Universo sea finito. Lo que ocurre es que esta paradoja desaparece cuando se considera la Cosmología Relativista.

3 La ley de Hubble

La ley de Hubble, dice que

$$z = \frac{H_0}{c} r \tag{4.1}$$

donde H_0 es una constante, r la distancia a una galaxia y z es el «desplazamiento al rojo» de las líneas espectrales, definido como

$$z = \frac{\lambda - \lambda_0}{\lambda_0} \tag{4.2}$$

donde λ es la longitud de onda a la que se presenta una raya del espectro de una galaxia y λ_0 la longitud de onda que tendría esta misma raya en nuestro laboratorio. ¿A qué se debe este desplazamiento al rojo? La interpretación más ingenua, adoptada por la Cosmología Newtoniana, es que se debe al efecto Doppler, a un alejamiento de la galaxia observada. Entonces, podemos utilizar la fórmula que nos proporciona λ, emitida por la fuente alejándose con velocidad v, en función de λ_0, emitida por la fuente si estuviera en reposo. Ésta es

$$\lambda = \lambda_0 \left(1 - \frac{v}{c}\right) \tag{4.3}$$

válida si $v \ll c$. Por lo tanto

$$z = \frac{v}{c} \tag{4.4}$$

y la ley de Hubble se expresa entonces como

$$v = H_0 r \tag{4.5}$$

Hay que resaltar que lo que medimos es z, mientras que v se obtiene «ya» mediante una interpretación teórica.

H_0 tiene un valor de $\sim$65 km/s Mpc. Son éstas unidades pintorescas aunque habituales. Mejor sería decir que $H_0 \sim 2.2 \times 10^{-18}\ s^{-1}$. Con la interpretación Doppler, la ley de Hubble nos diría que cuanto más lejos están las galaxias, más rápidamente se alejan de nosotros. Si damos marcha atrás al movimiento de expansión, las galaxias más lejanas se acercarían más rápidamente, las más cercanas más lentamente, y todas llegarían «aquí» al mismo tiempo. Y lo harían en un tiempo $H_0^{-1} = 1.5 \times 10^{10}$ años. A este tiempo, H_0^{-1}, se le llama «tiempo de Hubble», y nos proporciona una idea primera del tiempo de vida del Universo. Sólo una primera idea, porque hemos supuesto que las galaxias tienen siempre la misma velocidad, aunque previsiblemente la gravedad es capaz de alterar esta velocidad.

Nos viene una duda. Vemos en (4.5) que si r fuera suficientemente grande, v sería mayor que c, lo que está prohibido por la Relatividad. No llegaríamos a esta paradoja si, en lugar de emplear la fórmula (4.3) hubiéramos empleado la más correcta

$$\lambda = \lambda_0 \sqrt{\frac{1 + \frac{v}{c}}{1 - \frac{v}{c}}} \tag{4.6}$$

fórmula del efecto Doppler relativista. La fórmula clásica (4.3) es una aproximación de ésta, válida únicamente si $v \ll c$. Pero además, es importante resaltar que la ley de Hubble es solamente aproximada, y solamente válida para galaxias próximas. Como veremos luego, la relación entre v y r deja de ser lineal para distancias grandes.

4 Explicación de la expansión del Universo

Imaginemos una serie de observadores alineados, distantes de nosotros R, $2R$, $3R$, etc., siendo R una distancia cualquiera (grande como para poder considerar el Principio Cosmológico). Si observamos que estos observadores se alejan de nosotros y ellos tienen que observar lo mismo que nosotros observamos, tienen que alejarse a unas velocidades V, $2V$, $3V$... siendo V una velocidad cualquiera. En efecto, de esta forma, el primer observador de la fila verá que el segundo se mueve a $2V - V = V$, el tercero a $3V - V = 2V$ etc., obteniendo la misma serie que nosotros V, $2V$, $3V$... para los observadores para él alejados en R, $2R$, $3R$.... Para él, nosotros estamos a R y nos movemos con V, aunque en dirección contraria. Por tanto, si todos tenemos que ver lo mismo, la velocidad de alejamiento tiene que ser proporcional a la distancia $v = H_0 r$. En esta fórmula, H_0 sería una constante de proporcionalidad, y no podemos rechazar que sea negativa o nula. La observación nos dice que es positiva, pero no sabemos aún si lo fue y lo será siempre.

Pero el movimiento de las galaxias, al menos en términos estadísticos, sólo puede consistir en una expansión (o una contracción que es una expansión negativa). En efecto, el único movimiento sistemático transversal de todas las galaxias sería el giro con respecto a un eje que nos atravesara. Pero el giro, al precisar un eje, precisaría una dirección privilegiada. Observando en la dirección del eje, no observaríamos movimientos transversales, mientras que sería máximos en el plano perpendicular a él. Hay incluso, una repugnancia filosófica al giro. El Universo giraría... ¿con respecto a qué? Estaríamos hablando de un movimiento absoluto de todo el Universo con respecto a nada. El giro del Universo es un concepto relativísticamente impronunciable.

Si sólo la expansión es posible, y como todas las direcciones son equivalentes, la ley de Hubble admite una expresión vectorial

$$\vec{v} = H_0 \vec{r} \tag{4.7}$$

H_0 sería el valor actual de la función $H(t)$ que tenemos que obtener, como un resultado básico de este capítulo. Llamaremos a la función $H(t)$, función de Hubble. De momento sólo sabemos que hoy, con $t = t_0$, $H(t_0) = H_0$.

Las galaxias, en promedio, considerando el fluido formado por ellas, se expanden. Eso no quiere decir que cada galaxia en particular no tenga su movimiento peculiar. Unas irán más deprisa, otras más despacio, otras tendrán movimientos transversales, etc. El fluido se expande, según lo que se llama el flujo de Hubble, pero con respecto a él, las galaxias tienen movimientos pequeños peculiares, semejantes a los de agitación térmica en las moléculas de un gas.

5 Ecuación de continuidad

Consideremos una esfera de radio r centrada en nosotros (figura 42). La masa que se pierde tiene que ser igual a la masa que sale. La masa que se pierde será $-d\rho \frac{4}{3} \pi r^3$ (el signo menos debe ponerse porque $d\rho$ es intrínsecamente negativo). La masa que sale será la contenida en la capa de cebolla más externa con espesor vdt y superficie $4\pi r^2$, pues todas las partículas que estén en la capa saldrán de ella antes de dt. Por tanto

$$-d\rho \frac{4}{3} \pi r^3 = 4\pi r^2 v dt \rho \tag{4.8}$$

o bien

$$\frac{1}{\rho} \frac{d\rho}{dt} = -3H \tag{4.9}$$

Figura 42

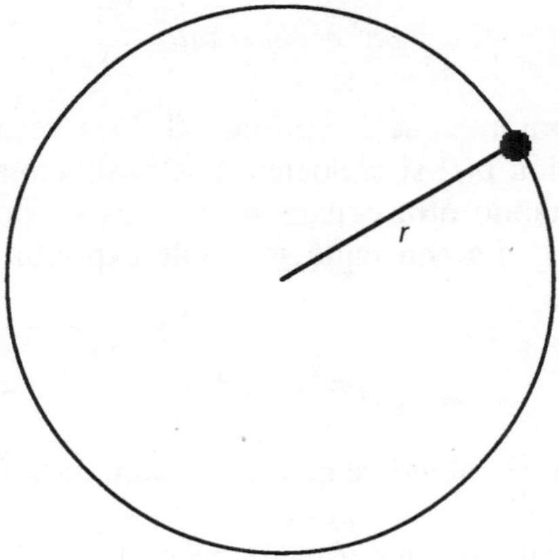

ecuación de continuidad, que nos informaría de la variación temporal de densidad, si conociéramos la función $H(t)$

6 El factor de escala cósmico

Se introduce el «factor de escala cósmico», o «radio del Universo» mediante la ecuación de definición

$$H = \frac{1}{R}\frac{dR}{dt} \tag{4.10}$$

Con esta ecuación, R no queda perfectamente definido; en efecto, si R fuera solución de la ecuación, KR, siendo K una constante cualquiera, también lo sería. Haría falta fijar esa constante para que la definición fuera completa. En lugar de hacerlo ahora, completaremos la definición más adelante, cuando nos convenga.

Con (4.9) y (4.10) se llega fácilmente a

$$\frac{1}{\rho}\frac{d\rho}{dt} + 3\frac{1}{R}\frac{dR}{dt} = 0 \tag{4.11}$$

que se integra muy sencillamente

$$\rho R^3 = constante \tag{4.12}$$

como puede comprobarse sin dificultad. Esta ecuación nos diría cuál es la función $\rho(t)$ si conociéramos la función $R(t)$. Pero seguimos necesitando otra ecuación que nos proporcione o bien $R(t)$, o bien $H(t)$. La constante se puede expresar recurriendo al momento actual

$$\rho R^3 = \rho_0 R_0^3 \tag{4.13}$$

En Cosmología, el subíndice cero hace siempre referencia al momento actual.

La ecuación anterior justifica un poco el nombre de «radio del Universo». Si el Universo tuviera un radio (lo que supondría su finitud, hipótesis que no hemos hecho, pero que tampoco hemos descartado), su masa sería $\rho \frac{4}{3} \pi R^3$. Como la masa del Universo sería constante, constante sería el producto ρR^3. Pero como el Universo no tiene por qué ser finito, y R no está completamente definido, preferimos el nombre de «factor de escala cósmica».

La interpretación de R se facilita pensando en que, si suponemos una esfera de radio R arbitrario, la ecuación anterior nos dice que la masa que contiene no varía aunque R crezca con la expansión. El número de galaxias sigue siendo el mismo en el creciente volumen. Si una galaxia estaba a una distancia $R(t_1)$ en el tiempo t_1, estará a una distancia $R(t_2)$ en el tiempo t_2. Por tanto, $R(t_2)/R(t_1)$ nos dice cuántas veces el Universo es más grande en t_2 que en t_1. Si consideramos $R_0 = R(t = t_0)$ en el momento actual, $R(t)/R_0$ nos dice cómo será (o fue) de grande el Universo en el tiempo t, comparado con el actual. La distancia a una galaxia concreta abandonada al flujo de Hubble sería $R(t)/R_0$ veces más grande que ahora.

Entre R_0/R y z existe una relación importante. Sabemos que

$$v = cz = Hr = \frac{1}{R}\frac{dR}{dt} r \sim \frac{R_0 - R}{tR} r \tag{4.14}$$

En el tiempo t en que se emitió, la luz recorrió r hasta llegar a nosotros, luego $r = ct$, con lo cual

$$z = \frac{R_0 - R}{R} = \frac{R_0}{R} - 1 \tag{4.15}$$

Aunque deducida con aproximaciones, esta fórmula es exacta. Cuando $R_0 \gg R$, el sustraendo unidad es despreciable, con lo que $z \sim R_0/R$. Para la mayoría de las observaciones la unidad no puede despreciarse, pues no se ha detectado ningún cuásar con $z > 5$.

Entre R_0/R y la frecuencia ν de una línea con frecuencia en reposo ν_0 existe otra relación importante. Como

$$z = \frac{\lambda - \lambda_0}{\lambda_0} = \frac{\nu_0 - \nu}{\nu} = \frac{\nu_0}{\nu} - 1 = \frac{R_0}{R} - 1 \tag{4.16}$$

se tiene

$$\frac{\nu_0}{\nu} = \frac{R_0}{R} \tag{4.17}$$

7 La ecuación del movimiento del Universo

La ecuación del movimiento del Universo es la que nos tiene que proporcionar $H(t)$ (o bien, $R(t)$). Una vez conocido $H(t)$ (o bien, $R(t)$) sabremos cómo ha sido en todo momento la expansión, y cuál ha sido la función $\rho(t)$ a lo largo de la vida del Universo. La gravedad es de esperar que tienda a frenar la expansión, y por lo tanto, debe de ser una fuerza decisiva en el movimiento del Universo. Pero, para hacer el desarrollo más sencillo, comenzaremos por considerar un Universo sin gravedad y posteriormente nos acordaremos de esta fuerza. Vamos a considerar que nuestras galaxias no se atraen gravitacionalmente, de momento. Vamos a considerar al Universo como un fluido y ver qué fuerzas influyen en la expansión.

7.1 Universo sin gravedad

Si no hay gravedad y no hay ninguna fuerza real actuando sobre las galaxias, sólo pueden influir las fuerzas internas de los fluidos. Éstas serían la fuerza del gradiente (de presión), la viscosidad y la inercial.

La fuerza del gradiente aparece en los fluidos porque hay una tendencia al movimiento de las zonas de mayor presión a las zonas de menor presión, como ya hemos visto. Pero en el Universo, por admitirse homogéneo, no hay diferencias de presión entre unas zonas y otras, y la fuerza del gradiente es nula.

La fuerza de viscosidad es una fuerza de rozamiento cuando hay fricción entre dos zonas en contacto con distinto movimiento. Pero en el movimiento de expansión no hay fricción entre diversas zonas, por lo que también la fuerza de viscosidad es nula.

La fuerza inercial procede de la aceleración que sufre una galaxia observada por nosotros, como consecuencia de la expansión. En efecto, consideremos que una galaxia en t está a una distancia r, por lo que tiene una velocidad Hr (véase figura 43). Al transcurrir dt, la galaxia se ha ido más lejos, y está a una distancia $r + Hrdt$. Pero según la ley de Hubble, a esta distancia le corresponde una velocidad $H(r + Hrdt)$. Este cambio de velocidad en dt es una aceleración dada por

$$\frac{H(r + Hrdt) - Hr}{dt} = \frac{H^2rdt}{dt} = H^2r \tag{4.18}$$

A esta aceleración le corresponde una fuerza de inercia de $-H^2r$. Ésta es una fuerza por unidad de masa y será, por tanto, igual a la aceleración. Ésta es:

$$\frac{dv}{dt} = \frac{d(Hr)}{dt} = r\frac{dH}{dt} \tag{4.19}$$

Al igualar

$$\frac{dH}{dt} = -H^2 \tag{4.20}$$

Figura 43

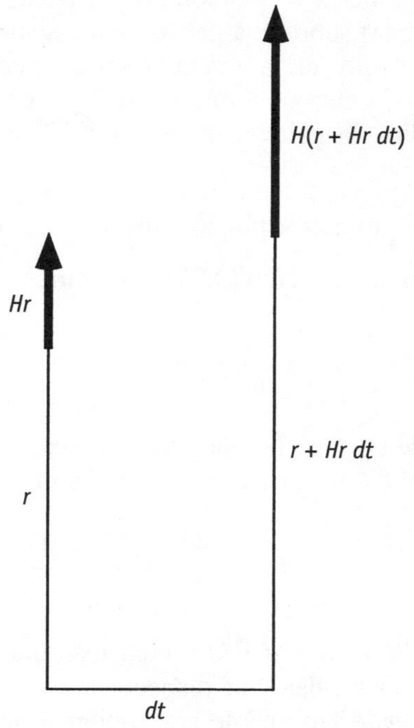

que es la deseada ecuación de movimiento del Universo. Es muy sencillo integrar esta ecuación diferencial, y en todo caso, es mucho más sencillo comprobar la validez del resultado, que es: $H^{-1} = t + constante$. La constante puede hacerse cero con una adecuada elección del origen de tiempos. Así pues, $H = t^{-1}$. Con lo cual resulta $\rho \propto t^{-3}$ y $v = r/t$. No discutimos esta solución con detalle ya que, al no considerar la gravedad, no es una solución realista.

7.2 Universo con gravedad

La gravedad hace que las galaxias se atraigan unas a otras de forma que, desde cualquier punto del Universo, su movimiento será decelerado. También lo será desde nuestro punto particular de observación. Para estimar esta atracción, supongamos simetría esférica desde nuestra posición (véase figura 42). La fuerza (por unidad de masa) sobre una galaxia a distancia r será la producida por la masa dentro de la esfera de radio r, como si toda su masa estuviera en el centro. La masa exterior a esta esfera no produce atracción sobre la galaxia (recuérdese el apartado 4 del capítulo 2). La fuerza

por unidad de masa es, por lo tanto $G\left(\frac{4}{3}\pi r^3\rho\right)/r^2$. Si añadimos esta fuerza en la ecuación (4.20) obtenemos

$$\frac{dH}{dt} = -H^2 - \frac{4}{3}\pi\rho G \qquad (4.21)$$

Si en lugar de emplear la función H empleamos la función R, llegamos fácilmente a obtener la ecuación del movimiento del Universo

$$\ddot{R} = -\frac{4}{3}\pi G\frac{(\rho_0 R_0^3)}{R^2} \qquad (4.22)$$

donde $\dot{R} \equiv dR/dt$, $\ddot{R} = d^2R/dt^2$, etc.; los puntos sobre una magnitud denotan derivadas con respecto a t. El paréntesis $(\rho_0 R_0^3)$ es constante. Puede fácilmente comprobarse que una primera integral de esta ecuación es

$$\dot{R}^2 = \frac{8\pi(\rho_0 R_0^3)G}{3}\frac{1}{R} - k \qquad (4.23)$$

siendo k una constante de integración. Esta constante podrá ser positiva, negativa o nula. Y podemos hacer que valga 1, –1, 0, si ahora recordamos que R no estaba completamente definido, a falta de una constante. Podemos escalar R como para que k sea 1, –1, 0.

El Universo de Einstein-de Sitter

Según el valor de k, tendremos tres tipos de Universo. El más sencillo y además el que goza de cierta confianza entre los cosmólogos actuales, en general, es el Universo con $k = 0$, o Universo de Einstein-de Sitter, o Universo Plano, o Universo Crítico. Comencemos por él; hagamos $k = 0$. En este caso, la integración de la ecuación diferencial (4.23) es muy sencilla, y también muy sencillo comprobar el resultado

$$R = R_0(6\pi\rho_0 G)^{1/3} t^{2/3} \tag{4.24}$$

Ya sabemos cómo se expande el Universo Plano: $R \propto t^{2/3}$. Para llegar a esta solución, tendrá que haber aparecido una constante aditiva de integración, que no la hemos escrito porque puede hacerse nula sin más que elegir el origen de tiempo adecuadamente. Si hacemos $t = 0$ para $R = 0$, la constante de integración se anula.

Explotemos el resultado calculando las funciones H y ρ. Obtenemos

$$H = \frac{2}{3} t^{-1} \tag{4.25}$$

$$\rho = \frac{1}{6\pi G} t^{-2} \tag{4.26}$$

Observamos que si $t = 0$, $\rho = \infty$, $R = 0$. El Universo Plano parte de un «Big-Bang», de un estado de densidad infinita. Veremos que los otros dos posibles universos son también universos «Big-Bang».

En el momento actual, $H_0 = \frac{2}{3} t_0^{-1}$, luego $t_0 = \frac{2}{3} H_0^{-1}$. Como H_0 se determina observacionalmente, podemos calcular la edad del Universo, desde el Big-Bang, que resulta ser 2/3 del tiempo de Hubble. En el momento actual, también

$$\rho_0 = \frac{3H_0^2}{8\pi G} = 8.4 \times 10^{-30}\ gr/cm^3 \tag{4.27}$$

Figura 44

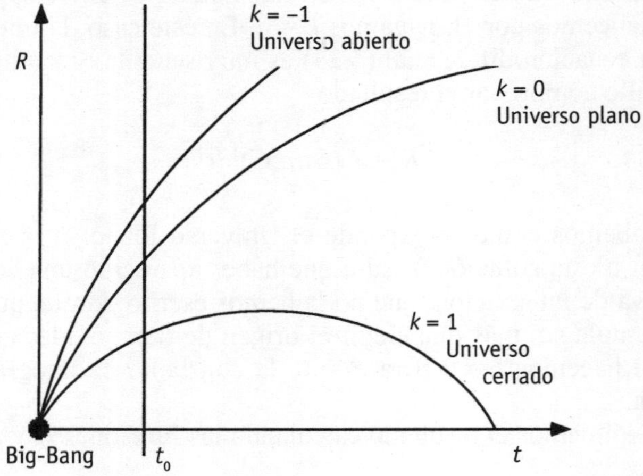

Universos curvos

Si $k \neq 0$, el Universo se denomina curvo. Si $k = 1$, el Universo es cerrado; si $k = -1$, el Universo es abierto. La variación de R con t se representa en la figura 44 en los tres casos.

En el caso del Universo cerrado, con $k = 1$, se puede hacer $\dot{R} = 0$, encontrándose que hay un máximo en la función $R(t)$. Este máximo tiene lugar para

$$R_{max} = \frac{3}{8\pi(\rho_0 R_0^3)G} \tag{4.28}$$

Como, en cualquier caso, de la ecuación (4.22), se deduce que la concavidad es tal que $\ddot{R} < 0$, siempre, en el Universo cerrado la expansión se detiene, se invierte, se convierte en contracción y acaba en un Recolapso Final tan dramático como el inicial. Matemáticamente, aunque no lo demostremos, la curva $R(t)$ es la de una «cicloide». Es ésta la curva descrita por un punto en la circunferencia de una rueda que avanza sin deslizar. Por esta razón, a este Universo se le llama también Universo Cíclico. Si hay una segunda vuelta en la «rueda» del Universo, lo que supone un «rebote» al llegar al Recolapso Final, no lo sabemos. Téngase presente que este modelo es muy sencillo y que sospechamos razonablemente que nuestras ecuaciones no son válidas cerca del Big-Bang, o cerca del Recolapso Final, con densidades próximas a infinito. Si hubiera más «vueltas» de esta rueda del Universo, llegaríamos a un reencuentro con el Principio Cosmológico Perfecto, pues para escalas de tiempo muy superiores al tiempo de Recolapso, el Universo sería siempre igual. Sin embargo, la posibilidad del Universo cerrado, aun siendo matemáticamente tan válido como las otras, no parece estar avalada ni por la observación (que sugiere más bien el abierto) ni por la teoría (que sugiere más bien el plano).

Es usual en Cosmología medir la densidad, no en $g\ cm^{-3}$, sino tomando la densidad del Universo de Einstein-de Sitter como unidad. Así se define el llamado «parámetro de densidad»

$$\Omega = \frac{8\pi G\rho}{3H^2} \tag{4.29}$$

También se usa muy frecuentemente el «parámetro de deceleración» definido como

$$q = -\frac{R\ddot{R}}{\dot{R}^2} \tag{4.30}$$

adimensional. Como $\ddot{R} < 0$ introducimos el signo menos en la definición para que q sea positivo. Pueden comprobarse las siguientes relaciones interesantes

$$\frac{d}{dt}\left(\frac{1}{H}\right) = 1 + q \tag{4.31}$$

$$\Omega = 2q \tag{4.32}$$

$$k = R^2 H^2 (\Omega - 1) \tag{4.33}$$

Con todo ello tenemos el siguiente esquema (con (4.32) y (4.33))

$$k > 0 \rightarrow \Omega > 1 \rightarrow q > 1/2 \tag{4.34}$$

$$k < 0 \rightarrow \Omega = 1 \rightarrow q < 1/2 \tag{4.35}$$

$$k = 0 \rightarrow \Omega = 1 \rightarrow q = 1/2 \tag{4.36}$$

Vemos que H tiene una variación temporal que depende de q (4.31). Como H es accesible a la observación, podríamos estimar su valor en tiempos muy primitivos, lo que equivale a emplear objetos muy distantes. Sabríamos así en qué tipo de Universo nos encontramos. Sin embargo, los datos de distancia de objetos tan lejanos tienen mucho error y esta determinación no da resultados suficientemente fiables, al menos por el momento.

8 El enfriamiento del Universo

Cuando el Universo se expande se enfría, y ahora nos preocupamos por conocer la función $T(R)$ o $T(t)$, siendo T la temperatura. Como el Universo no puede intercambiar calor con el «exterior», la expansión ha de ser adiabática, y sabemos que en toda expansión adiabática hay enfriamiento (Material B8).

8.1 Enfriamiento de la materia

En la expansión adiabática de un gas monoatómico, sabemos que $T \propto \rho^{2/3}$. Como ahora $\rho \propto R^{-3}$, tendremos que $T \propto R^{-2}$. Para saber la variación de la temperatura con el tiempo necesitamos saber de qué tipo es nuestro Universo. Si éste es plano, $R \propto t^{2/3}$, luego $T \propto t^{-4/3}$.

Hemos considerado implícitamente que el Universo está formado básicamente por hidrógeno atómico, que es efectivamente un gas monoatómico. Pero es difícil identificar la temperatura del Universo, porque nos encontramos con diversos subsistemas con muy diferente temperatura, desde unos pocos kelvins en las nubes moleculares hasta 10^8 K en el medio intercumular. Esta gran heterogeneidad en la distribución de la temperatura se debe a la formación estelar que produce inyecciones de energía grandes e inhomogéneas en los diversos subsistemas.

8.2 Enfriamiento de los fotones

Uno de los descubrimientos cosmológicos de mayor transcendencia ha sido el de la radiación de fondo. Constituye ésta un cuerpo negro. Es ubicua en el Universo y corresponde a una temperatura de 2.7 K aproximadamente. Pronto hablaremos de su origen e interés. Un cuerpo negro a tan baja temperatura emite básicamente en microondas. Pero el Universo material actual es completamente transparente para las microondas. Tampoco la materia tiene un comportamiento que se vea seriamente afectado por esta radiación. Todo parece como si dos universos independientes —uno de materia y otro de radiación— cohabitaran sin interacción e ignorándose.

Preguntémonos por la evolución de su temperatura. La densidad de energía de los fotones dependerá de la densidad de fotones. Como éstos no se pierden, su densidad será proporcional a R^{-3}. Pero los fotones proceden de un medio en expansión, se enrojecerán, perderán energía, por lo que la densidad de energía estará afectada. Usando la ecuación (4.16)

$$\Delta E \propto \Delta \nu = \nu z = \nu \left(\frac{R_0}{R} - 1 \right) \sim \nu \frac{R_0}{R} \propto R^{-1} \qquad (4.37)$$

En este caso, la aproximación al despreciar la unidad es muy válida, pues pronto veremos que estos fotones son reliquia de un acontecimiento que ocurrió cuando $z \sim R_0/R \sim 10^3$. La densidad de energía de los fotones es entonces proporcional a $R^{-3} R^{-1} = R^{-4}$. Pero sabemos que también es $\propto T^4$, luego $T^4 \propto R^{-4}$, es decir $T \propto R^{-1}$. Podemos recurrir al momento actual para expresar la constante de integración

$$TR = T_0 R_0 \qquad (4.38)$$

donde $T_0 \approx 2.7\ K$.

Antes de ésta, hubo otra era en la historia del Universo, en la que éste estaba dominado por la radiación. La evolución de T en el sistema actual de fotones nos servirá también por lo tanto, para saber cómo evolucionaba T en el Universo dominado por la radiación.

9 Historia del Universo

Sabemos que el Universo material de hoy se va expandiendo según $\rho \propto R^{-3}$ y enfriando según $T \propto R^{-2}$. Para hablar de forma más concreta de las evoluciones temporales de ρ y T, particularizamos al universo plano y tenemos $\rho \propto t^{-2}$, $T \propto t^{-4/3}$, puesto que $R \propto t^{2/3}$. Convive con este universo material, el universo de la radiación de fondo con $T \propto R^{-1}$.

Si mentalmente invertimos la marcha del tiempo, yendo hacia atrás en la película del Universo para explorar su pasado, nos encontramos que gradualmente tendríamos un Universo cada vez más caliente y más denso. Podemos prever entonces qué ha ocurrido, e incluso, a la vista de los cambios en su composición y naturaleza que nos encontremos, podremos modificar las leyes de evolución de T y ρ, que pueden ser diferentes a las de la era actual, a la que llamaremos Era de los Átomos. Denominaremos a las etapas temporales como «era», si se trata de una etapa duradera, caracterizada por una determinada composición, y con «época», a las etapas relativamente cortas de transición entre dos «eras».

Yendo hacia atrás en el tiempo nos encontramos con la época de la Recombinación. Tiene lugar cuando alcanzamos 3000 K aproximadamente, y en esta época se producen tres acontecimientos decisivos en la historia del Universo: recombinación de electrones y protones, desacoplamiento de los fotones y formación de estructuras pregalácticas.

Ocurre que 3000 K es una temperatura próxima a la requerida para la ionización del hidrógeno, y si vamos hacia atrás en el tiempo, antes, el hidrógeno debía de estar ionizado. Había protones y electrones libres y poco antes núcleos de helio. Por tanto, antes de la época de la Recombinación existía la Era del Plasma. Los electrones libres interaccionan con los fotones gracias a un proceso llamado *scattering* de Thomson, pero la interacción cesa cuando los electrones están capturados en el átomo. Quiere decir esto que, antes, materia y radiación, con una interacción plena, mantenían un equilibrio termodinámico común; estaban térmicamente acoplados y a partir de esta época los fotones se desacoplaron y estos dos componentes empezaron a evolucionar independientemente, como hoy los vemos.

Este desacoplamiento desencadenó la formación de estructuras pregalácticas. Anteriormente debieron de existir inhomogeneidades constituidas por protones, electrones, núcleos de helio y fotones, todos acoplados, pero una nube de materia conviviendo con los rapidísimos fotones tiene más dificultades para conseguir el colapso gravitatorio. En cuanto la materia se liberó de los fotones, las inhomogeneidades comenzaron un colapso más rápido y emergieron las estructuras pregalácticas.

La época de la Recombinación ocurrió a un valor de R_0/R calculable mediante $TR = T_0R_0$. Como $T_0 \sim 3K$ y $T \sim 3000$ K, $R_0/R \sim 1000$. Como $R_0/R \sim z$, ocurrió para $z = 1000$ aproximadamente. Los fotones que hoy vemos son aquellos de la época de la Recombinación que han perdido energía. Los fotones de la radiación de fondo nos permiten ver directamente el suceso más antiguo accesible a la observación, cuando el Universo era unas 1000 veces más pequeño que ahora. Calculamos, en el caso del Universo Plano, con $(t_0/t) \sim 1000^{3/2}$, y $t_0 \sim 10^{10}$ años, que la Época de la Recombinación tuvo lugar algo así como un millón de años después del Big-Bang.

Corrobora este cálculo otro sobre la formación galáctica. De forma muy imprecisa, si hoy las galaxias tienen unas dimensiones de, digamos, 50 kpc, y la distancia intergaláctica es hoy, digamos, 50 Mpc, cuando el Universo era 50 Mpc/50 kpc $\sim$ 1000 veces más pequeño que hoy, las galaxias se «tocaban» unas a otras, más bien formando un continuo aunque con pequeñas inhomogeneidades. Como en el interior de una galaxia no hay expansión, la formación galáctica fue un colapso relativo, es decir, una contracción dentro de una expansión. En términos absolutos, las galaxias, más que por colapso, se formaron por aislamiento, como las gotas al final de una columna de agua que cae. De hecho, no hay una gran diferencia entre la densidad actual de una galaxia y la densidad del Universo en la Recombinación.

Seguimos hacia atrás en el tiempo, a través de la era del Plasma, hasta llegar a otra época decisiva: la época de la Igualdad. En esta época la densidad de energía de los fotones, del orden de aT^4 (véase Material B1) se iguala a la densidad de energía de la materia, que es básicamente su energía en reposo, mnc^2. Es decir:

$$mc^2 \frac{n_0 R_0^3}{R^3} = a \frac{T_0^4 R_0^4}{R^4} \tag{4.39}$$

Incluso si no conocemos bien la constitución de la materia, pues la materia oscura podría predominar sobre los familiares protones y núcleos de helio, si el Universo es plano, la densidad crítica es hoy $mn_0 \sim 10^{-29}$ $g\ cm^{-3}$ aproximadamente, cualquiera que sea la naturaleza de la materia oscura. Con la fórmula anterior, calculamos

$$z \sim \frac{R_0}{R} = \frac{(mn_0)c^2}{aT_0^4} \sim 2 \times 10^4 \tag{4.40}$$

En el caso del Universo Plano, calculamos fácilmente el tiempo en el que ocurrió la Igualdad, pues $(t_0/t)^{3/2} = 20000$ con lo cual obtenemos unos 4600 años después del Big-Bang.

La época de la Igualdad divide al Universo en una era anterior, o era Radiativa, y una posterior, la era del Plasma. Con anterioridad, son los fotones las partículas dominantes del Universo, partículas de muy diferente comportamiento, por lo que el Universo Radiativo evolucionó de forma diferente. Veamos cómo: recordemos la deducción de la ecuación del movimiento del Universo. Ahora la gravedad estará producida por las partículas dominantes, los fotones. En la ecuación (4.21), habrá que sustituir la densidad de las partículas ρ, por la masa correspondiente a la densidad de energía de los fotones aT^4/c^2, con lo cual

$$r\dot{H} = -H^2 r - \frac{4}{3} \frac{\pi r^3 G}{r^2} \frac{aT^4}{c^3} \tag{4.41}$$

Dividiendo por r y con el cambio $H(t) \rightarrow R(t)$ obtenemos fácilmente como ecuación del movimiento del Universo Radiativo

$$\ddot{R} = -\frac{4\pi}{3} \frac{aG}{c^2} \frac{(T_0^4 R_0^4)}{R^3} \tag{4.42}$$

Vemos que, nuevamente $\ddot{R} < 0$. La solución de esta ecuación, como se comprueba inmediatamente, es del tipo

$$R \propto t^{1/2} \tag{4.43}$$

Al comparar con la función $R(t) \propto t^{2/3}$ en las eras del Plasma y de los Átomos (en su conjunto, era de la Materia) vemos que entonces era la expansión mucho más lenta.

La era del Universo dominado por la radiación se extiende hacia el pasado hasta una época que llamaremos de la Aniquilación, en la que tienen lugar tres acontecimientos decisivos en su historia: a) la aniquilación de electrones y positrones, b) el desacoplamiento de los neutrinos, y c) la nucleosíntesis del helio.

Cuando una partícula y una antipartícula se encuentran se aniquilan mutuamente resultando dos fotones tan energéticos como las partículas desintegradas. El proceso inverso también se da cuando tengamos fotones con esa energía $h\nu = mc^2$, siendo m la masa de la partícula, y esos fotones se tendrán cuando la temperatura sea muy alta, cuando sea $h\nu \sim kT$. Si vamos hacia atrás en el tiempo, llegaremos a una temperatura tal que $kT = m_e c^2$, siendo m_e la masa del electrón; el electrón y su antipartícula, el positrón, son los menos masivos y los que antes se formarían. Podemos saber el tamaño del Universo entonces, mediante

$$m_e c^2 = k\frac{T_0 R_0}{R} \tag{4.44}$$

lo que proporciona

$$\frac{R_0}{R} \sim z \sim 2 \times 10^9 \tag{4.45}$$

El Universo era 2 mil millones de veces mas pequeño que ahora. Para saber en qué tiempo ocurrió, sabemos que entre la Aniquilación y la Igualdad, se cumplía $R \propto t^{1/2}$, luego

$$\frac{R_{aniquilación}}{R_{igualdad}} = \left(\frac{t_{aniquilación}}{t_{igualdad}}\right)^{1/2} \tag{4.46}$$

con lo que se tiene para la Aniquilación algunos segundos después del Big-Bang.

Antes de la Aniquilación se habla de la era de las Partículas. En efecto, si vamos marcha atrás en el tiempo, producimos pares electrón-positrón a partir de fotones. Pero cuando el tiempo fluye hacia el futuro, debió de ocurrir lo contrario, que teníamos muchos electrones y muchos positrones y al llegar a una temperatura suficientemente baja se aniquilaron a pares. De positrones no quedó ni uno. Afortunadamente había más electrones que positrones, y los electrones que pervivieron hacen hoy posible la existencia de los átomos y de la vida. En cualquier caso, antes de la Aniquilación existieron muchos electrones y positrones por lo que a la era anterior se la llama de las Partículas. A mayores temperaturas se producen mesones y antimesones. La temperatura de la época de la Aniquilación se calcula mediante $T = T_0(R_0/R)$ y se obtiene $\sim 3 \times 10^9\ K$.

Algo antes se produjo el desacoplamiento de los neutrinos. Los neutrinos interaccionaban con los protones y los neutrones, pero al disminuir la densidad del Universo, los encuentros entre neutrinos y protones y neutrones dejaron de tener lugar. El Universo se hizo transparente para los neutrinos que, desde entonces, se independizaron térmicamente de las otras partículas, básicamente protones, neutrones, electrones, positrones y fotones, aunque quizá había más cantidad de las hipotéticas partículas de materia oscura, aún por identificar. La temperatura de los neutrinos siguió su propia evolución; es de esperar que para ellos se cumpla también $TR = cte$, como para los fotones. Pero a pesar del acoplamiento térmico completo existente entre todas las partículas antes de la aniquilación, no hay que esperar que estos neutrinos cosmológicos, o primordiales, tengan hoy la temperatura actual de los fotones, es decir, 2.7 K. La razón es que la Aniquilación algo posterior al desacoplamiento destruyó electrones y positrones, pero creó fotones, aumentando la densidad de energía radiativa y, por tanto, la temperatura de los fotones.

La evolución de la temperatura con el radio del Universo se muestra esquemáticamente en la figura 45. Los neutrinos han seguido siempre la ley $T \propto R^{-1}$. Se calcula que estos neutrinos primordiales hoy deben de tener una temperatura de $\sim 2K$, pero aún

Figura 45

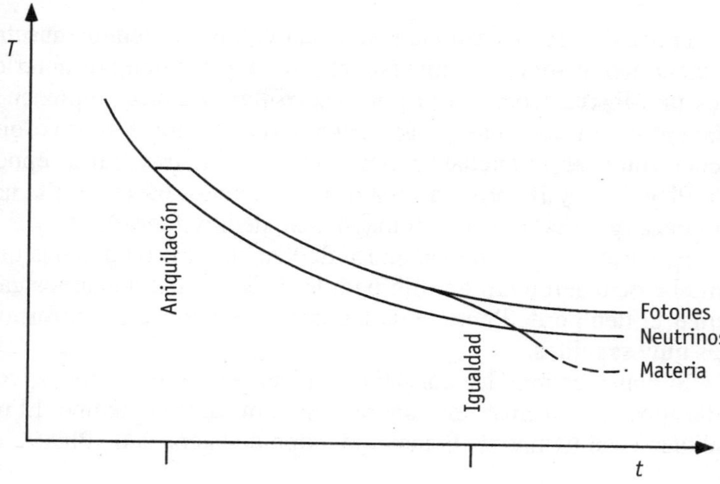

no se han detectado. Los fotones tuvieron un salto brusco en la Aniquilación y las partículas materiales empezaron a enfriarse rápidamente tras la Igualdad y la Recombinación, aunque la formación estelar alteró profundamente el equilibrio termodinámico de la materia.

Otro suceso que ocurrió por aquel entonces fue la nucleosíntesis del helio, fundamentalmente, aunque también se formaron elementos minoritarios, litio, boro y berilio. Antes, la temperatura era excesiva como para que los núcleos formados no se destruyeran. Después, la densidad era excesivamente baja como para que los protones y neutrones se encontraran para formar los núcleos. Afortunadamente, los neutrones se «refugiaron» en los núcleos de Helio a tiempo, puesto que libres se desintegran en $\sim$15 minutos. Nos hubiéramos quedado sin neutrones, y por tanto sin átomos y, en definitiva, sin posibilidad de vida.

Más atrás en el tiempo ocurren procesos decisivos aunque quedan fuera del alcance de un libro introductorio. Están reflejados en el Material A25, así como los procesos que regirán el futuro del Universo.

10 La época de Planck

La época de Planck se suele identificar con la frontera de nuestro conocimiento sobre el Universo, requiriendo los tiempos anteriores una Física teórica aún por desarrollar, aunque empiezan a darse los primeros pasos para traspasarla. El Universo tuvo que tener entonces propiedades ciertamente peculiares. En la época de Planck se unificaron las cuatro interacciones básicas de la naturaleza (gravitatoria, electromagnética, débil y fuerte).

Es curioso que siendo la época de Planck y los fenómenos que en ella ocurrieron, un desafío para la Física actual, podamos calcular el tiempo de Planck y la temperatura entonces, con fórmulas muy sencillas.

Si consideramos las constantes universales { G, h, c, k }, con ellas podemos formar un monomio con unidades de tiempo. El resultado es el tiempo de Planck, o tiempo de la época de Planck, t_p:

$$t_p = \sqrt{\frac{Gh}{c^5}} = 1.35 \times 10^{-43} s \qquad (4.47)$$

Se llama «horizonte relativista» a la superficie, más allá de la cual la luz no ha tenido tiempo aún de llegar a nosotros. El horizonte relativista en la época de Planck, o longitud de Planck, l_p, se obtiene también con el monomio con dimensiones de longitud formado por las constantes universales

$$l_p = \sqrt{\frac{Gh}{c^3}} = 4.05 \times 10^{-33} cm \qquad (4.48)$$

La masa contenida en una esfera de radio l_p es la masa de Planck, m_p, obtenible también con el monomio con dimensiones de masa formado por esas cuatro constantes universales

$$m_p = \sqrt{\frac{ch}{G}} = 5.46 \times 10^{-5} g \qquad (4.49)$$

a lo que corresponde una energía de Planck de 4.90 × 10^{16} erg. Finalmente, la temperatura de Planck, o temperatura en la época de Planck, T_p, se obtiene con el monomio con dimensiones de temperatura formado por las cuatro constantes universales mencionadas

$$T_p = \frac{1}{k}\sqrt{\frac{c^5 h}{G}} = 3.55 \times 10^{32} K \qquad (4.50)$$

Max Planck era desconocedor de este período del Universo, pero éste lleva su nombre porque construyó un sistema de unidades con el cual no aparece ninguna constante universal (se hacen todas iguales a uno) y todas las magnitudes de la Física son adimensionales. Las unidades, como lo es el radián para los ángulos en los sistemas de Gauss o SI, no son de libre elección, y se obtiene fácilmente que estas unidades naturales son precisamente t_p, l_p, m_p, T_p, etc., para el tiempo, la longitud, la masa, la temperatura, etc. A este sistema de unidades tan interesante se le llama sistema de unidades de Planck.

Para apreciar la dificultad de analizar la era preplanckiana del Universo, calculemos el tamaño de una partícula. Ésta se calcula mediante $h\nu = mc^2$ normalmente teniendo en cuenta que $\lambda = c/\nu$. A este valor de λ se le suele interpretar como el tamaño. Así pues, normalmente, $\lambda = ch/mc^2$; el tamaño depende de la masa. Sin embargo, en esta época de Planck, la energía de la partícula debido a la agitación térmica, kT, es muy superior a la energía en reposo, mc^2, por lo que el tamaño, $\lambda = ch/kT$, es independiente de la masa. Si sustituimos T por T_p tendremos

$$\lambda = \frac{ch}{k\frac{1}{k}\sqrt{\frac{c^5 h}{G}}} = \sqrt{\frac{Gh}{c^3}} = l_p \qquad (4.51)$$

Es decir, el tamaño de cualquier partícula, incluso siendo extraordinariamente pequeño, es tan grande como el horizonte relativista. Una partícula no puede influir sobre su vecina porque está desconectada causalmente de ella.

11 El lenguaje relativista

La Relatividad General usa un lenguaje y una interpretación diferente aunque las ecuaciones que se obtienen y, por tanto, las conclusiones que se deducen, son las mismas. La Cosmología Newtoniana se llama así porque utiliza la Mecánica de Newton, aunque en realidad se ha desarrollado recientemente, sin la intervención de Newton. Tiene un planteamiento ingenuo aunque de gran poder introductorio y a ella nos hemos limitado. Conviene, sin embargo, esbozar el planteamiento relativista, aunque su desarrollo tenga que reservarse para libros más especializados.

El Principio Cosmológico nos decía que el Universo es homogéneo. Todos los observadores, estemos donde estemos, tenemos que ver lo mismo. La pregunta es: ¿cuándo? Implícitamente asumimos que todos los hipotéticos observadores describían el Universo haciendo las medidas simultáneamente. Pero el concepto de simultaneidad está reñido con la Relatividad. Por otra parte, si un observador ve el Universo isótropo, otro que se mueva con respecto a él, no le verá isótropo.

El Principio Cosmológico debe de entenderse de tal forma que afirmamos que existe un observador en cada punto del Universo que le ve isótropo. ¿Quiénes son estos observadores privilegiados? ¿Cómo identificarles sin recurrir a convenios arbitrarios? La Relatividad General nos resuelve el problema. Son éstos los «observadores cayentes». En todo punto del espacio hay un observador para el que no existe la fuerza de la gravedad ni las fuerzas de inercia. Dado un sistema de coordenadas en el cual haya gravedad y, por tanto, curvatura, podemos hacer una transformación de coordenadas con la cual la gravedad desaparezca «localmente» y nos permita encontrar allí un espacio euclídeo, sólo localmente. Claro que esta transformación «euclideíza» sólo en un punto y no en sus vecinos, de tal forma que la curvatura realmante no se pueda eliminar. También pueden anularse las fuerzas de inercia; la diferencia es que en este caso, una sola transformación elimina las fuerzas de inercia en todo el espacio. Reciben este nombre los observadores cayentes porque aquí, en la superficie terrestre por ejemplo, nos podemos convertir en observadores cayentes sin más que quitar los pies del suelo. Un observador que cae, no siente la gravedad. Si nos metemos en un ascensor que cae libremente, no pesamos sobre su suelo. Para los observadores cayentes son correctas las leyes de la Relatividad Restringida.

Los observadores privilegiados a los que se refiere el Principio Cosmológico son sólo los observadores cayentes. El Universo es isótropo para los observadores cayentes. Éstos son todos equivalentes y han de medir no solamente las mismas magnitudes físicas, como la temperatura, la densidad, etc., sino también la misma curvatura, que ha de ser constante en el espacio. Hay toda una red de observadores o galaxias cayentes (también llamados observadores y galaxias fundamentales) aunque las galaxias reales pueden tener movimientos peculiares con respecto a la red ideal.

La métrica que asegura la isotropía, que tiene una curvatura constante en el espacio, aunque pueda depender del tiempo, se llama métrica de Robertson-Walker, que es la preferida por la Cosmología actual.

Todos los observadores cayentes encuentran idéntica descripción de la historia del Universo. Para sincronizar sus relojes no tienen más que desplazar su película de la evolución del Universo hasta hacerla coincidir con la de su vecino cayente. De esta forma, todos los observadores pueden utilizar el mismo tiempo que se llama «tiempo cósmico». La noción de tiempo cósmico recuerda la del tiempo absoluto de Newton, pero la Relatividad, que condenó éste, echa sus bendiciones sobre aquél.

Somos dueños de definir una gran variedad de coordenadas espaciales y las más sencillas son las que son invariables para una galaxia cayente. Se llama «comóviles» a estas coordenadas. Adoptando este sistema de coordenadas, las galaxias fundamentales no cambian de posición, aunque las reales puedan tener movimientos peculiares pequeños, tanto de alejamiento como de acercamiento o lateral. No hay alejamiento general de unas y otras. El desplazamiento al rojo no se interpreta como un efecto Doppler, sino como un efecto relativista, debido a la expansión de la métrica, que se llama «desplazamiento al rojo cosmológico». Por decirlo de una forma teatral, las galaxias no se alejan, sino que es su distancia a nosotros la que crece.

En términos relativísticos no hay inconveniente en que el Universo sea finito y no tenga bordes. La constante k, que en Cosmología Newtoniana representaba las condiciones iniciales según la violencia del estallido primero, ahora representa la curvatura constante espacialmente, que puede ser positiva ($k = 1$), nula ($k = 0$) o negativa ($k = -1$). El Universo con $k = 1$ sería ciertamente finito. Un rayo luminoso lanzado desde aquí en «línea recta» (una línea recta en un espacio curvo) acabaría volviendo aquí iluminando nuestro cogote.

Aunque esencialmente el modelo del Big-Bang se ha convertido en el más ortodoxo, habiendo sobrevivido a críticas permanentes y a los modelos rivales más destacados, faltan por explicar muchas cuestiones, alguna de ellas muy serias. Los problemas se presentan no sólo en el Universo muy primitivo, sino además en el más reciente, pues tras la Recombinación el Universo se ha hecho complejo, no lineal y separado del equilibrio. Es difícil seleccionar los problemas más graves de la Cosmología actual. Destaquemos alguno de ellos, aunque esta elección sea un poco subjetiva.

12 Algunos problemas de la Cosmología actual

1) Einstein planteó sus ecuaciones, las aplicó al Universo y dedujo la expansión del Universo. Pero esta posibilidad le pareció poco atractiva filosóficamente y modificó sus ecuaciones, incluyendo un «término cosmológico», λ, de forma que los supuestos generales en la obtención de sus ecuaciones no se alteraban. Con este término cosmológico, la situación estática era ciertamente posible. Cuando supo que la expansión del Universo era un hecho observacional, propuso a la comunidad científica la supresión del término cosmológico. Pero esta posibilidad ha resucitado recientemente, pues pudiera estar respaldada por las teorías del Universo muy primitivo, sobre la era de la Inflación (véase Material A25). Con el término cosmológico, el Universo podría incluso reacelerarse. Existen medidas recientes que parecen confirmar la existencia de una aceleración del Universo. De confirmarse esta posibilidad, la imagen actual, que admite implícitamente una deceleración positiva del Universo, tendría que ser drásticamente sustituida.

De hecho, se ha propuesto, reciente pero fundamentadamente, que el parámetro q_0 puede ser negativo. El Universo tendría $\Omega_m = 0.3$, incluyendo todo tipo de materia. A pesar de este valor, el Universo seguiría considerándose plano, pues el valor de Ω debido al término cosmológico, Ω_Λ sería 0.7, de forma que $\Omega_m + \Omega_\Lambda = 1$. Los bariones sólo contribuirían con $\Omega_b \approx 0.03$, y de ellos serían visibles $\Omega_V \sim 0.003$.

2) La Cosmología actual admite mayoritariamente $\Omega = 1$, aunque la masa visible sugiere un valor $\Omega_{visible} \sim 0.003$. El resto sería «materia oscura» o término cosmológico. (Estamos hablando en números muy redondos.) ¿Qué es esta materia oscura? ¿Por qué tipo de partículas está formada? Hay muchos candidatos, tantos que debemos admitir que desconocemos la naturaleza de la materia oscura. Agujeros negros, enanas marrones, jupíteres, neutrinos, axiones, WIMPS... La identificación de las partículas es un problema básico de la Física Teórica. Desde el punto de vista astrofísico nos importa especialmente saber si la materia oscura es fría (sus partículas son lentas y su densidad de energía es básicamente la debida a su masa en reposo) o caliente (sus partículas tienen velocidades próximas a la de la luz). Para la materia oscura fría la ecuación de estado es del tipo $P = nkT$ y la densidad de energía $\epsilon = mn$. Para la materia oscura caliente, la ecuación de estado es del tipo $\epsilon = 3P$. Estos dos comportamientos extremos afectan a la expansión y al enfriamiento del Universo de forma muy diferente, por lo que esta clasificación es clave. En el esquema clásico, los protones, neutrones, y los núcleos con ellos formados serían materia visible fría, y los fotones, materia visible caliente, pero aún se desconoce, no solo la identidad de la materia oscura, sino si es de tipo caliente o frío. Actualmente, los modelos con materia oscura fría explican mejor la formación de estructuras a gran escala. Vimos que en una galaxia, la materia visible parece ser del orden de la décima parte de la materia total pero, en realidad, no se puede determinar bien, porque la curva de rotación se mantiene plana. Cuando consideramos escalas espaciales muy superiores a la de una galaxia, la materia visible no es mucho más que la centésima parte de la materia total. La conclusión no puede ser más descorazonadora: no sabemos la masa de una galaxia, no sabemos su tamaño, no sabemos de qué están hechas, se mueven en un mar de no sabemos qué...

3) Los supercúmulos de galaxias (los cúmulos de los cúmulos de galaxias) no se distribuyen al azar. Forman filamentos de más de 100 Mpc de largos, como vimos, y entre ellos hay gran-

des vacíos de tamaño semejante. Aun así, cabría esperar que la distribución de los filamentos fuera aleatoria. Uno de los descubrimientos recientes más inesperados es que los filamentos pueden ser aristas de poliedros de clara periodicidad. De confirmarse este hallazgo, nos obligaría a una profunda revisión de nuestras ideas sobre la formación de la estructura a gran escala del Universo.

Materiales

A. Datos

1. Constantes y unidades

Constantes físicas

Velocidad de la luz: $c = 3.00 \times 10^{10}\ cm\ s^{-1}$
Constante de Gravitación: $G = 6.67 \times 10^{-8}\ din\ cm^2\ g^{-2}$
Constante de Planck: $h = 6.63 \times 10^{-27}\ erg\ s$
Carga del electrón: $e = 4.80 \times 10^{-10}\ esu$
Masa del protón: $m_p = 1.67 \times 10^{-24}\ g$
Masa del electrón: $m_e = 9.11 \times 10^{-28}\ g$
Constante de Boltzmann: $k = 1.38 \times 10^{-16}\ erg\ K^{-1}$
Constante de Stefan-Boltzmann: $\sigma = 5.67 \times 10^{-5}\ erg\ cm^{-2}\ K^{-4}\ s^{-1}$
Constante de presión de radiación: $a = 4\sigma/c = 7.56 \times 10^{-15}\ erg\ cm^{-3}\ K^{-4}$

Constantes astronómicas

Radio de la Tierra: 6378 km
Aceleración de la gravedad en la superficie: $g = 981\ cm\ s^{-2}$
Distancia a la Luna: $3.84 \times 10^{10}\ cm$
Distancia al Sol: 1 UA = $1.50 \times 10^{13}\ cm$
Masa de la Tierra: $5.98 \times 10^{27}\ g$
Masa del Sol: $1.99 \times 10^{33}\ g$
Inclinación de la eclíptica: 23° 26’
Constante de Hubble: $H_0 = h\ 100\ km\ s^{-1}\ Mpc^{-1}$
h = 0.65
Tiempo de Hubble: $H_0^{-1} = 1.5 \times 10^{10}$ años
Densidad crítica: $8.4 \times 10^{-30}\ g\ cm^{-3}$

Algunas unidades de conversión

1 keV = $1.60 \times 10^{-9}\ erg$
1 jul = 0.24 cal = $10^7\ erg$

1 pc = 3.26 años-luz = 3.086×10^{18} *cm*
1 Å = 10^{-8} cm
1 atmósfera = 1.012 din cm^{-2} = 1.013 bares = 1.013×10^5 pascales
1 Rayleigh = $(1/4\pi) \times 10^6$ fotones $cm^{-2}\ s^{-1}\ sr^{-1}$
1 Jansky = 1 unidad de flujo = 10^{-26} $watt\ m^{-2}\ Hz^{-1}$ = 10^{-23} $erg\ s^{-1}\ cm^{-2}\ Hz^{-1}$
1 tesla = 10^4 Gauss
1 año = 3.15×10^7 *s*

2. Múltiplos y Prefijos

Prefijo	Factor	Símbolo
Yotta	10^{24}	Y
Zetta	10^{21}	Z
Exa	10^{18}	E
Peta	10^{15}	P
Tera	10^{12}	T
Giga	10^{9}	G
Mega	10^{6}	M
Kilo	10^{3}	k
Hecto	10^{2}	h
Deca	10^{1}	da
Deci	10^{-1}	d
Centi	10^{-2}	c
Mili	10^{-3}	m
Micro	10^{-6}	μ
Nano	10^{-9}	n
Pico	10^{-12}	p
Femto	10^{-15}	f
Atto	10^{-18}	a
Zepto	10^{-21}	z
Yocto	10^{-23}	y

3. Coordenadas

Para fijar la posición angular de un astro necesitamos dos coordenadas. Hay diferentes sistemas de coordenadas angulares, pero sólo hablaremos de cuatro de ellos: horizontales, ecuatoriales, galácticas y supergalácticas. En todos ellos se adopta un plano de referencia. Una de las coordenadas es el ángulo que forma la dirección del astro con este plano, siempre visto desde la Tierra. La otra es el ángulo, desde la Tierra, que forman la dirección de la proyección del astro sobre el plano de referencia y una dirección en ese plano que se toma como origen. En definitiva necesitamos especificar, para cada sistema de coordenadas, un plano de referencia, un origen de ángulos en ese plano y un sentido de ángulos crecientes.

La descripción detallada de estos sistemas es un capítulo obligado de la Astronomía de Posición. Debido al tamaño del libro no podemos entrar en ello, ni queremos abordar el paso de unas coordenadas a otras, problema clásico de la Trigonometría Esférica. Pero como a lo largo del libro, en especial en los materiales, especificamos la posición de diversos objetos astronómicos empleando distintos sistemas de coordenadas, se hace necesaria una breve descripción esquemática.

	Horizontales	**Ecuatoriales**	**Galácticas**	**Supergalácticas**
Coordenadas	Azimut y altura	Ascensión recta y declinación	Longitud y latitud galácticas	Longitud y latitud supergalácticas
Plano de referencia	Horizonte	Ecuador	Plano de simetría de nuestra galaxia	Ecuador Supergaláctico (el que tiene mayor número de galaxias vecinas)
Origen de ángulos en el plano	Sur	Punto Vernal. Intersección de los planos del Ecuador y la Eclíptica**	Centro Galáctico Sagitario A	Intersección entre el Ecuador Supergaláctico y el Plano de simetría de nuestra galaxia (con I = 137.37°)
Sentido de ángulos crecientes	Sur-oeste-norte-este antihorario	Horario	Horario	Horario
Ángulo de separación del plano	Altura* (o elevación) h	Ascensión recta α	Longitud Galáctica I	Longitud Supergaláctica SGL
Ángulo de Proyección en el plano	Azimut A	Declinación δ	Latitud Galáctica b	Latitud Supergaláctica SGB
Puntos perpendiculares al plano	Zenit sobre nuestras cabezas y Nadir bajo nuestros pies	Polo Norte y Polo Sur	Polo Norte Galáctico Polo Sur Galáctico	Polos Norte y Sur Supergaláctico
Comentarios	Sistema «local» dependiente del observador. Poco apto porque las estrellas fijas tienen coordenadas variables. Sistema más directo e intuitivo	Sistema más utilizado	El más ventajoso cuando queremos expresar la posición de los objetos dentro de nuestra galaxia	El más ventajoso cuando estudiamos el Universo a gran escala. También se usan SGX, SGY y SGZ, coordenadas cartesianas correspondientes

* También, la distancia cenital $\chi = 90 - h$.
** La eclíptica es el plano de la órbita de la Tierra.

4. Grandes telescopios ópticos en tierra

VLT	«Very large telescope». Del ESO, European Southern Observatory. A 2635 m de altitud en Cerro Paranal, Atacama, Chile. 4 telescopios de 8.2 m, equivalentes a uno de **16.1m.** Fecha prevista, año 2000.
LBT	«Large binocular telescope». En Mount Graham, Arizona (EE.UU. con Italia). 2 telescopios de 8.4 m equivalentes a uno de **11.8 m**. Poder de resolución equivalente a uno de 23 m.
GRANTECAN	«Gran Telescopio Canario». A 2400 m en la Isla de La Palma. (España). Telescopio de **10 m**. Fecha prevista: año 2002.
Keck	A 4123 m de altitud en Mauna Kea, Hawai. (EE.UU.) De 36 segmentos. Dos telescopios de **10 m**. Funcionan desde 1992 el primero y desde 1996 el segundo.
HET	«Hobby Eberly Telescope». A 2072 m en Mt Fowlkes, Texas. (EE.UU. y Alemania). 91 segmentos. Ángulo de elevación fijo. Equivalente a un telescopio de **9.2 m.** Desde 1997.
SALT	«Southern african large telescope». Elevación fija. **9.1 m.** Fecha prevista: año 2004.
Subaru	Telescopio japonés de **8.3 m** que será instalado en 1999 en Mauna Kea, Hawai a 4123 m de altitud.
Gemini	(Internacional; 7 países). Dos telescopios de **8.1 m,** uno en Mauna Kea, Hawai, con fecha prevista 1999 y el otro en Pachón, Chile, con fecha prevista 2001.
MMT	Multiple Mirror Telescope. A 2600 m en Mt Hopkins, EE.UU. (ya no es «múltiple»). Desde 1998. **6.5 m.**
Magellan	En Las Campanas, Chile. Desde 1999. Serán 2 telescopios. **6.5 m.**
BTA	Bolshoi, Rusia. A 2070 m en Zelenchukskaya. Desde 1975. **6 m.**
Telescopio líquido	University British Columbia. Fecha prevista 1999, Espejo líquido. **6 m.**
Hale Telescope	A 1900 m en Mt Palomar, EE.UU., desde 1948. **5 m.**
WHT	William Herschel Telescope. A 2400 m en La Palma, España. Desde 1987. Telescopio inglés de **4.2 m.**
Víctor Blanco	A 2200 m en Cerro Tololo, Chile. Desde 1976. **4 m.**
SOAR	La Serena, Chile. (EE.UU. con Brasil). Desde 2001. **4 m.**
AAT	Anglo Australian Telescope. En Coonabarabrau, Australia. Desde 1974. **3.9m**
Mayall Telescope	A 2100 m en Kitt Peak, EE.UU. Desde 1973 (hasta 1999). **3.9 m.**
UKIRT	UK Infrared Telescope. En Mauna Kea, Hawai. Desde 1978. **3.8 m.**
CFHT	Canada-France-Hawaii telescope. En Mauna Kea, Hawai. Desde 1979. **3.6m.**
ESO	European Southern Observatory. A 2400 m en La Silla, Chile. Desde 1976. **3.6 m.**
Galileo	A 2400 m en La Palma, España (Italia). Desde 1998. **3.58 m.**

CAHA	Centro Astronómico Hispano Alemán. A 2200 m en Calar Alto, España. Desde 1984. **3.5 m.**
ESO	New Technology Telescope. A 2400 m La Silla, Chile. Desde 1989. **3.5 m.**

5. Algunos radiotelescopios

Radiotelescopios clásicos

Arecibo	En Puerto Rico desde 1960. Antena de **305 m** con el disco fijo.
GBT	En West Virginia desde 1998. **100 m.**
Effelsberg	(Alemania) Desde 1973. **100 m.**
Green Bank	West Virginia (1962-1988). **90 m.**
Jodrell Bank	(Gran Bretaña). Desde 1957. **76 m.**
Yevpatoriya	(Crimea). Desde 1979. **70 m.**
Parkes	(Australia). Desde 1961. **64 m.**
Goldstone	(California). **64 m.**
Green Bank	(West Virginia). Desde 1965. **42 m.**

Milimétricas, submilimétricas e interferómetros

Nobeyama	(Japón). Desde 1982. **45 m.** Milimétricas ($\lambda > 0.26$ cm). También formando interferómetro de 5 antenas.
IRAM	Instituto de Radioastronomía Milimétrica. En Granada, desde 1984. **30 m.** Milimétricas ($\lambda > 0.09$ cm).
IRAM	Plateau de Bure, Francia. Desde 1990. Interferómetro de 4 antenas con $\lambda > 0.06$ cm.
Suecia- ESO	La Silla (Chile). Desde1987. Milimétricas (> 0.06 cm).
Chalmers	Onsala (Suecia). Desde 1976. Milimétricas (> 0.26 cm).
JCMT	James Clark Maxwell Telescope. En Mauna Kea, Hawai. **15 m.** Reino Unido, Canadá y Holanda. Submilimétricas.
Caltech	En Mauna Kea, Hawai. **10.4 m.** Submilimétricas.
LMT	Large Millimeter Telescope. En México. Desde 1998. **50 m.** Milimétricas (> 0.01 cm).
VLA	Very Large Array. (Holanda+EE.UU.). Nuevo México. Desde 1981. Interferómetro de 27 antenas. Base de unos 35 km.
ATNF	Australian Telescope Compact Array. En Narrabri. Desde 1990. Interferómetro de 6 antenas.
GRMT	Giant Metrewave Radio Telescope. India. Desde 1997. Interferómetro.
KARST	Kilometer square Area Radio Synthesis Telescope. China e internacional. Concepto chino del LT (Large Telescope).
WSRT	Dutch Westerbork Array. Holanda. 14 antenas de 25 m, equivalente a una antena de 3 km de diámetro. Interferómetro.
VLBI	Desde 1965. 23 telescopios en 10 países. Resolución espacial de 0.001". Correladores en Nuevo México y Bonn, Alemania.
VLBA	Very long Baseline Array (EE.UU.). 10 antenas iguales de 25 m. Resolución mejor que 0.001".
VSOP	VLBI Space Observatory Programme. (Japón). Futuro. Antena de 8 m en el espacio, formando interferómetro con antenas en tierra.

Radioastron	(Rusia). Futuro. En órbita muy excéntrica. Base de 77000 km. Antena de 8-10 m.
MMA	Millimeter Array. (EE.UU.+...?, ¿España?). Llano de Chajnantor, Chile. Futuro. 10 mm- 350 m. 36 antenas de 10 m en un círculo 3 km. Resolución de 0.01"
LMSA	Large Millimeter and Submillimeter Array. Futuro. Japón. 50 antenas de 10 m. Resolución 0.01" a 1 mm. 4000 m^2 (equivalente a diámetro 71 m). Base de 10 km.
SMA	Submillimeter Array. EE.UU. y Taiwán. Futuro. 6 antenas en Mauna Kea, Hawai. Resolución de 0.1".
LSA	Large Submillimeter Array. ESO, IRAM, Suecia y Holanda. Futuro. 60 antenas de 12 m. En el Llano de Chajnantor, Chile.

6. Astrofísica desde el espacio (Sistema Solar excluido)

OAO-2	Orbital Astronomical Observatory. 1968. EE.UU.100-400 nm.
SAS-1	Small Astronomical Satellite. 1970. EE.UU. Rayos X.
OAO-3	Copernicus. 1972. EE.UU. 0.2-300 nm.
SAS-2	1972. EE.UU. Rayos γ
COS-B	1975-82. ESA. Rayos γ. 50 MeV-5GeV.
IUE	International Ultraviolet Explorer. 1978-96. ESA y EE.UU. y Reino Unido. Villafranca del Castillo, España.
Einstein	(HEAO-2) High Energy Astronomical Observatory. 1978-1981. EE.UU. Rayos X, 0.2-4 keV.
IRAS	Infrared Astronomical Observatory. 1983. EE.UU. y Reino Unido y Países Bajos.
EXOSAT	European X-ray Observatory Satellite. 1983-86. ESA. 0.1-5 keV.
WATCH	Wide Angle Telescope for Cosmic Hard X-Rays. 1989. Dinamarca. Rayos X.
COBE	Cosmic Background Explorer. 1989. EE.UU. IR lejano y milimétricas.
Astro-1	1990. EE.UU. UV, rayos X.
ROSAT	Röngten X-Ray Satellite. 1990. Alemania, Reino Unido y ESA. 0.1-2 keV.
HST	Hubble Space Telescope. 1990. EE.UU.+15%ESA. Telescopio de 2.2 m en visible.
CGRO	Compton Gamma Ray Observatory. EE.UU. 1991. 30keV-30GeV.
EUWE	Extreme Ultraviolet Explorer. 1992. EE.UU. 70-760 A.
DXS	Diffuse X-Ray Spectrometer. 1993. EE.UU. Rayos X blandos.
ASCA	Advanced Spacecraft for Cosmology and Astrophysics. 1993. Japón+EE.UU. Rayos X.
ALEXIS	Array of Low Energy X-ray imaging sensors.1993. EE.UU. EUV + rayos X.
RXTE	Rossi X-ray Timing Explorer. 1995. EE.UU.
IRTS	Infrared Telescope in Space. 1995. Japón y EE.UU. 1-1000 μ.
ISO	Infrared Space Observatory. 1995. ESA. Control en Villafranca del Castillo, España.

SAX	Satellite for X-ray Astronomy, Beppo. 1996. Italia y Países Bajos. 0.1-200 keV.
EURD	Espectrógrafo Ultravioleta de Radiación Difusa. 1996. España. 300-1050 A. Minisat.
LEGRI	Low Energy Gamma-Ray Imager. 1996. España y Reino Unido 4-100 keV. Minisat.
ORFEUS	Orbiting Retrievable Far and Extreme Ultraviolet Spectrometer. 1996. Alemania y EE.UU.
SAC-B	Satélite de Aplicaciones Científicas. Argentina y EE.UU. Rayos X, γ. Fallo del 1º lanzamiento.
HIPPARCOS	High Precision Parallax Collecting Satellite. 1989-1993. ESA. Catálogo con 0.002".
ACE	Advanced Composition Explorer. 1997. EE.UU. Partículas 1 keV-600 MeV.
SWAS	Submillimeter Wave Astronomy Satellite. 1998. EE.UU.
AXAF	Advanced X-ray Astrophysics Facility. 1999. EE.UU. Continuación del Einstein. 1.2m.
WIRE	Wide-field Infrared Explorer. 1999. EE.UU. Participación española.
FUSE	Far Ultraviolet Spectroscopic Explorer. 1999. EE.UU., Canadá y Francia. 900-1200 A.
XMM	X-ray Multi Mirror Mission. 2000. ESA. X, UV y visible.
ASTRO-E	2000. Japón. X, 0.4-10keV.
CATSAT	Cooperative Astrophysics and Technology Satellite. 2000. EE.UU. Por estudiantes.
MAP	Microwave Satellite Probe. 2000. EE.UU. En punto L2 del Sistema Sol-Tierra. CMB.
SIRFT	Space Infrared Telescope Facility. 2001. EE.UU. 0.85 de diámetro. 3-180 μ.
INTEGRAL	International Gamma-ray Astrophysics Laboratory. 2001. Rusia y ESA.
CHIPS	Cosmic Hot Interstellar Plasma Spectrometer. 2001. EE.UU.
Planck	(COBRAS/SAMBA) 2003. ESA. Imagen de anisotropías de la Radiación de Fondo.
NGST	Next Generation Space Telescope. 2005. EE.UU (También ESA). Telescopio de 4 a 8m.
FIRST	Far Infrared ans Submillimeter Telescope. 2005. ESA. Medio interestelar y CMB.
HETE	High Energy Transient Experiment II. EE.UU. Falló en 1996. UV, X y γ.
SIM	Space Interferometer Mission. EE.UU. Base de 10 m. Detección de planetas tipo Tierra a 50 al.
IRSI	Infrared Space Interferometry. ESA. 6-30m. Planetas, AGN.
XEUS	X-ray Evolving Universe Espectroscopy. ESA. Continuación del XMM.
LISA	Laser Interferometry Space Antenna. EE.UU. Ondas gravitacionales.
Darwin	Space IR Interferometry Mission. 2009. ESA. Planetas tipo Tierra y vida extraterrestre.

7. Estrellas de la Secuencia Principal

$\lg(M/M_0)$	$\lg(L/L_0)$	M_V	M_B	$\lg(R/R_0)$
−1.0	−2.9	15.5	17.1	−0.9
−0.8	−2.5	13.9	15.5	−0.7
−0.6	−2.0	12.2	13.9	−0.5
−0.4	−1.5	10.2	11.8	−0.3
−0.2	−0.8	7.5	8.7	−0.14
0.0	0.0	4.8	5.5	0.00
0.2	0.8	2.7	3.0	0.10
0.4	1.6	1.1	1.1	0.32
0.6	2.3	−0.2	−0.1	0.49
0.8	3.0	−1.1	−1.2	0.58
1.0	3.7	−2.2	−2.4	0.72
1.2	4.4	−3.4	−3.6	0.86
1.4	4.9	−4.6	−4.9	1.00
1.6	5.4	−5.6	−6.0	1.15
1.8	6.0	−6.3	−6.9	1.3

FUENTE: Adaptado de Allen, CW *Astrophysical Quantities*. The Athlon Press.

8. Estructura del Sol

	r	T	ρ	M	L	log *P*
$R_\odot$	10^3 km	$10^{6°}$ *K*	*g* cm^{-3}	$M_\odot$	$L_\odot$	en dyn cm^{-2}
0.00	0	15.5	160	0.000	0.00	17.53
0.04	28	15.0	141	0.008	0.08	17.46
0.1	70	13.0	89	0.07	0.42	17.20
0.2	139	9.5	41	0.35	0.94	16.72
0.3	209	6.7	13.3	0.64	0.998	16.08
0.4	278	4.8	3.6	0.85	1.00	15.37
0.5	348	3.4	1.00	0.94	1.000	14.67
0.6	418	2.2	0.35	0.982	1.000	14.01
0.7	487	1.2	0.08	0.994	1.000	13.08
0.8	557	0.7	0.018	0.999	1.000	12.18
0.9	627	0.31	0.0020	1.000	1.000	10.94
0.95	661	0.16	4×10^{-4}	1.000	1.000	9.82
0.99	689	0.052	5×10^{-5}	1.000	1.000	8.32
0.995	692.5	0.031	2×10^{-5}	1.000	1.000	7.68
0.999	695.3	0.014	1×10^{-7}	1.000	1.000	6.15
1.000	696.0	0.006	0.0	1.000	1.000	—

FUENTE: C. W. Allen, *Astrophysical Quantities*. The Athlon Press.

9. Las estrellas más brillantes

HIP	Nombre	Designación	V	B-V	r (años-luz)
32349	Sirio	9 alfa CMa	–1.44	0.01	8.60
30438	Canopus	alfa Car	–0.62	0.16	
71683	Rigil Kent	alfa Cen	–0.28	0.71	4.40
69673	Arturo	16 alfa Boo	–0.05	1.24	37
91262	Vega	3 alfa Lyr	0.03	0.00	25.3
24608	Capella	13 alfa Aur	0.08	0.80	42
24436	Rigel	19 beta Ori	0.18	–0.03	
37279	Procyón	10 alfa CMi	0.40	0.43	11.4
7588	Achernar	alfa Eri	0.45	–0.16	144
27989	Betelgeuse	58 alfa Ori	0.45	1.50	
68702		beta Cen	0.61	–0.23	
97649	Altair	53 alfa Aql	0.76	0.22	16.8
60718	Acrux	alfa Cru	0.77	–0.24	
21421	Aldebarán	87 alfa Tau	0.87	1.54	65
65474	Espiga	67 alfa Vir	0.98	–0.24	
80763	Antares	21 alfa Sco	1.06	1.86	
37826	Polux	78 beta Gem	1.16	0.99	34
113368	Fomalhaut	24 alfa Psa	1.17	0.14	25.1
62434		beta Cru	1.25	–0.24	
102098	Deneb	50 alfa Cyg	1.25	0.09	
49669	Régulo	32 alfa Leo	1.36	–0.09	78
33579	Adhara	21 epsilon CMa	1.50	–0.21	
36850	Cástor	66 alfa Gem	1.58	0.03	52
61084	Gacrux	gama Cru	1.59	1.60	88
85972	Shaula	35 lambda Sco	1.62	–0.23	

r: distancia a la estrella.
HIP: número del Catálogo del Hipparcos.

FUENTE: *The Millenium Star Atlas.*

10. Las estrellas con mayor movimiento propio

HIP	Nombre	V	arcsec/año	dirección
87937	Estrella de Barnard	9.54	10.358	355.6°
24186	Estrella de Kapteyn	8.86	8.671	131.4
57939	Groombridge 1830	6.42	7.058	145.4
114046	Lacaille 9352	7.35	6.896	78.9
439	CD-37.15492	8.56	6.100	112.5
67593		13.31	5.834	23.0
104214	61 Cygni A	5.20	5.281	51.9

HIP	Nombre	V	arcsec/año	dirección
104217	61 Cygni B	6.05	5.172	52.6
54035	Lalande 21185	7.49	4.802	186.9
108870	Epsilon Indi	4.69	4.704	122.7
54211	Gliese 412	8.82	4.511	282.1
19849	Omicron Eridani	4.43	4.088	213.2
70890	Proxima Centauri	11.01	3.853	281.5
5336	Mu Cassiopeiae	5.17	3.777	115.1
36208	Estrella de Luyten	9.84	3.738	171.2
71681	Alfa Centauri B	1.35	3.724	284.8
71683	Alfa Centauri A	–0.01	3.710	277.5
74234	Washington 5583	9.44	3.681	195.8
74235	Washington 5584	9.07	3.681	195.7
105090	Lacaille 8760	6.69	3.455	250.6

HIP: número del Catálogo del Hipparcos.
La dirección es el ángulo de posición de la trayectoria, desde el norte hacia el oeste.

FUENTE: *The Millenium Star Atlas.*

11. Supernovas históricas

Año	Magnitud V	Duración (meses)	Nombre del RSN actual	Distancia (kpc)	Diámetro RSN (pc)
185	–8	20	RCW86	3	35
393	0	8	CTB 37A o CTB 37B	10.4	24
1006	–9.5	>24	PKS 1459-41	1	8.8
1054	–5	22	Cangrejo, 3C 144	2	2.9
1181	0	6	3C 58	2.6	5.3
1572	–4	16	Muñoz, Tycho, 3C10	2.3	5.4
1604	–3	12	Kepler, 3C 358	4.4	3.8

RSN: «resto de supernova» constituido por el material eyectado en la explosión.

12. Líneas de Fraunhofer más intensas

λ	Nombre	Átomo	W(Å)
2795		Mg II	22
2802		Mg II	22
2852		Mg I	10
2881		Si I	2.6
3581	N	Fe I	2.2
3735	M	Fe I	3.1
3820	L	Fe I	1.8
3934	K	Ca II	19.2
3968	H	Ca II	14.4
4046		Fe I	1.2
4102	$H\delta$	H I	3.4
4227	g	Ca I	1.5
4340	$H\gamma$	H I	3.5
4383	d	Fe I	1.1
4861	$H\beta$	H I	4.2
5167	b_4	Mg I	0.9
5172	b_2	Mg I	1.3
5183	b_1	Mg I	1.6
5890	D_2	Na I	0.77
5896	D_1	Na I	0.57
6563	$H\alpha$	H I	4.1
8498		Ca II	1.3
8542		Ca II	3.6
8662		Ca II	2.7

Explicación: Las líneas de Fraunhofer son las del espectro solar, aunque son comunes a muchas estrellas. Cuando se escribe, por ejemplo, Mg I, significa Mg sin ionizar; Mg II, significa Mg una vez ionizado; Mg III significa Mg dos veces ionizado, etc. La anchura equivalente, W, se define como $\int (1 - r)\, d\lambda$ siendo r la intensidad específica de la raya partida por la intensidad específica del continuo. Es una forma de caracterizar la magnitud de la raya.

13. La Vía Láctea

Masa visible: $2 \times 10^{11}\ M_\odot$
Masa gaseosa: $8 \times 10^{9}\ M_\odot$
Masa oscura: $2 \times 10^{12}\ M_\odot$?
Diámetro del halo: 5 kpc
Diámetro del disco estelar: 14 kpc
Diámetro del disco gaseoso: 30 kpc
Espesor del disco estelar: 1 kpc
Espesor del disco gaseoso: 200 pc
Distancia Sol-Centro Galáctico: 8.5 kpc

Altura del Sol sobre el disco: 8 pc
Velocidad de traslación del Sol: 220 km/s
Período de traslación del Sol: 2.5×10^8 años
Densidad de estrellas (vecindad solar): $0.08\ M_\odot\ pc^{-3} = 3 \times 10^{-24}\ g\ cm^{-3}$
Tipo: SAB(r)bc
M_V: –20.5
Luminosidad: Radio: 3×10^{38} erg/s
Infrarrojo: 3×10^{41}
Visible: 3×10^{43}
Rayos X: 5×10^{39}
Rayos γ: 5×10^{38}
Densidad de energía: Luz estelar: $0.7 \times 10^{-12}\ erg\ cm^{-2}$
Turbulencia del gas: 0.5×10^{-12}
Rayos cósmicos: 2×10^{-12}
Campo magnético: 2×10^{-12}
Radiación de fondo: 0.4×10^{-12}

Medio interestelar

Densidad de gas (vecindad solar): $0.02\ M_\odot pc^{-3} \approx 10^{-24}\ g\ cm^{-3} \approx 0.6$ átomos/cm^3
Densidad de polvo (vecindad solar): $0.001\ M_\odot pc^{-3}$
Campo magnético: $10\ \mu G$
Temperatura media del gas: $\sim$100 K
Girofrecuencia de electrones ($eB/m_e c$): 185 s^{-1} (Período 5.4×10^{-3}s)
Frecuencia de colisión (gas): $1.2 \times 10^{-11}\ s^{-1}$ (Período $\equiv$ tiempo libre medio = 2000 años)
Velocidad de los átomos: 1.57 $km\ s^{-1}$
Camino libre medio de los átomos: $4 \times 10^{-3}\ pc$
Número de Reynolds: 2.5×10^5
Dispersión de velocidades entre nubes: 8 $km\ s^{-1}$

14. Catálogo de Messier

M	NGC	α 2000	δ 2000	Constelación	Tamaño (″)	V	Tipo
1	1925	5 34.5	22 01	Tau	6 × 4	8.4	Di
2	7089	21 33.5	–0 49	Aqr	13	6.5	CG
3	5272	13 42.2	28 23	CVn	16	6.4	CG
4	6121	16 23.6	–26 32	Sco	26	5.9	CG
5	5904	15 18.6	2 05	Ser	17	5.8	CG
6	6405	17 40.1	–32 13	Sco	15	4.2	CA
7	6475	17 53.9	–34 49	Sco	80	3.3	CA
8	6523	18 03.8	–24 23	Sgr	90 × 40	5.8	Di
9	6333	17 19.2	–18 31	Oph	9	7.9	CG
10	6254	16 57.1	–4 06	Oph	15	6.6	CG

M	NGC	α 2000	δ 2000	Constelación	Tamaño (")	V	Tipo
11	6705	18 51.1	–6 16	Sct	14	5.8	CA
12	6218	16 47.2	–1 57	Oph	14	6.6	CG
13	6205	16 41.7	36 28	Her	17	5.9	CG
14	6402	17 37.6	–3 15	Oph	12	7.6	CG
15	7078	21 30.0	12 10	Peg	12	6.4	CG
16	6611	18 18.8	–13 47	Ser	7	6.0	CA
17	6618	18 20.8	–16 11	Sgr	46 × 37	7.0	Di
18	6613	18 19.9	–17 08	Sgr	9	6.9	CA
19	6273	17 02.6	–26 16	Oph	14	7.2	CG
20	6514	18 02.6	–23 02	Sgr	29 × 27	8.5	Di
21	6531	18 04.6	–22 30	Sgr	13	5.9	CA
22	6656	18 36.4	–23 54	Sgr	24	5.1	CG
23	6494	17 56.8	–19 01	Sgr	27	5.5	CA
24		18 16.9	–18 20	Sgr	90	4.5	
25		18 31.6	–19 15	Sgr	32	4.6	CA
26	6694	18 45.2	–9 24	Sct	15	8.0	CA
27	6853	19 59.6	22 43	Vul	8 × 4	8.1	NP
28	6626	18 24.1	–24 52	Sgr	11	6.9	CG
29	6913	20 23.9	38 32	Cyg	7	6.6	CA
30	7079	21 40.4	–23 11	Cap	11	7.5	CG
31	224	0 42.7	41 16	And	178 × 63	3.4	S
32	221	0 42.7	40 52	And	8 × 6	8.2	E
33	598	1 33.9	30 39	Tri	62 × 39	5.7	S
34	1039	2 42.0	42 47	Per	35	5.2	CA
35	2168	6 08.9	24 20	Gem	28	5.1	CA
36	19 60	5 36.1	34 08	Aur	12	6.0	CA
37	2099	5 52.4	32 33	Aur	24	5.6	CA
38	1912	5 28.7	35 50	Aur	21	6.4	CA
39	7092	21 32.2	48 26	Cyg		8.0	
40		12 22.4	58 05	UMa		8.0	
41	2287	6 47.0	–20 44	CMa	38	4.5	CA
42	1976	5 35.4	–5 27	Ori	66 × 60	4.0	DI
43	1982	5 35.6	–5 16	Ori	20 × 15	9.0	DI
44	2632	8 40.1	19 59	Cnc	95	3.1	CA
45		3 47.0	24 07	Tau	110	1.2	CA
46	2437	7 41.8	–14 49	Pup	27	6.1	CA
47	2422	7 36.6	–14 30	Pup	30	4.4	CA
48	2548	8 13.8	–5 48	Hya	54	5.8	CA
49	4472	12 29.8	8 00	Vir	9 × 7	8.4	E
50	2323	7 03.2	–8 20	Mon	16	5.9	CA
51	5194-5	13 29.9	47 12	CVn	11 × 8	8.1	S
52	7654	23 24.2	61 35	Cas	13	6.9	CA
53	5024	13 12.9	18 10	Com	13	7.7	CG
54	6715	18 55.1	–30 29	Sgr	9	7.7	CG
55	6809	19 40.0	–30 58	Sgr	19	7.0	CG

M	NGC	α 2000	δ 2000	Constelación	Tamaño (")	V	Tipo
56	6779	19 16.6	30 11	Lyr	7	8.2	CG
57	6720	18 53.6	32 02	Lyr	1	9.0	NP
58	4579	12 37.7	11 48	Vir	5 × 4	9.8	S
59	4621	12 42.0	11 39	Vir	5 × 3	9.8	E
60	4649	12 43.7	11 33	Vir	7 × 6	Vir	E
61	4303	12 21.9	4 28	Vir	6 × 5	9.7	S
62	6266	17 01.2	–30 07	Oph	14	6.6	CG
63	5055	13 15.8	42 02	CVn	12 × 8	8.6	S
64	4826	12 56.7	21 41	Com	9 × 5	8.5	S
65	3623	11 18.9	13 05	Leo	10 × 3	9.3	S
66	3627	11 20.2	12 59	Leo	9 × 4	9.0	S
67	2682	8 50.4	11 49	Cnc	39	6.9	CA
68	4590	12 39.5	–26 45	Hya	12	8.2	CG
69	6637	18 31.4	–32 21	Sgr	7	7.7	CG
70	6681	18 43.2	–32 18	Sgr	8	8.1	CG
71	6838	19 53.8	18 47	Sge	7	8.3	CG
72	6981	20 53.5	–12 32	Aqr	6	9.4	CG
73	6994	20 58.9	–12 38	Aqr			
74	628	1 36.7	15 47	Psc	10 × 9	9.2	S
75	6864	20 06.1	–21 55	Sgr	6	8.6	CG
76	650-1	1 42.4	51 34	Per	2 × 1	11.5	NP
77	1068	2 42.7	–0 01	Cet	7 × 6	8.8	S
78	2068	5 46.7	0 03	Ori	8 × 6	8.0	DI
79	1904	5 24.5	–24 33	Lep	9	8.0	CG
80	6093	16 17.0	–22 59	Sco	9	7.2	CG
81	3031	9 55.6	69 04	UMa	26 × 14	6.8	S
82	3034	9 55.8	69 41	UMa	11 × 5	8.4	Ir
83	5236	13 37.0	–29 52	Hya	11 × 10	7.6	S
84	4374	12 25.1	12 53	Vir	5 × 4	9.3	E
85	4382	12 25.4	18 11	Com	7 × 5	9.2	E
86	4406	12 26.2	12 57	Vir	7 × 6	9.2	E
87	4486	12 30.8	12 24	Vir	7	8.6	E
88	4501	12 32.0	14 25	Com	7 × 4	9.5	S
89	4552	12 35.7	12 33	Vir	4	9.8	E
90	4569	12 36.8	13 10	Vir	10 × 5	9.5	S
91	4548	12 35.4	14 30	Com	5 × 4	10.2	S
92	6341	17 17.1	43 08	Her	11	6.5	CG
93	2447	7 44.6	–23 52	Pup	22	6.2	CA
94	4736	12 50.9	41 07	CVn	11 × 9	8.1	S
95	3351	10 44.0	11 42	Leo	7 × 5	9.7	S
96	3368	10 46.8	11 49	Leo	7 × 5	9.2	S
97	3587	11 14.8	55 01	UMa	3	11.2	NP
98	4192	12 13.8	14 54	Com	10 × 3	10.1	S
99	4254	12 18.8	14 25	Com	5	9.8	S
100	4321	12 22.9	15 49	Com	7 × 6	9.4	S

M	NGC	α 2000	δ 2000	Constelación	Tamaño (")	V	Tipo
101	5457	14 03.2	54 21	UMa	27 × 26	7.7	S
103	581	1 33.2	60 42	Cas	6	7.4	CA
104	4594	12 40.0	–11 37	Vir	9 × 4	8.3	S
105	3379	10 47.8	12 35	Leo	4 × 4	9.3	E
106	4258	12 19.0	47 18	CVn	18 × 8	8.3	S
107	6171	16 32.5	–13 03	Oph	10	8.1	CG
108	3556	11 11.5	55 40	UMa	8 × 2	10.0	S
109	3992	11 57.6	53 23	UMa	8 × 5	9.8	S
110	205	0 40.4	41 41	And	17 × 10	8.0	E

La columna M indica el número del Catálogo de Messier. Las coordenadas son válidas para el año 2000; si es otro año es preciso hacer una corrección debido a los movimientos de precesión y nutación. La ascensión recta se da en horas y minutos de tiempo. La declinación en grados y minutos de arco. En la columna del tipo: DI = Nebulosa Difusa; CG = Cúmulo Globular; CA = Cúmulo Abierto; NP = Nebulosa Planetaria; E = Galaxia Elíptica; S = Galaxia Espiral; Ir = Galaxia Irregular.

FUENTE: *Sky Catalogue 2000.0,* Vol. 2, Sky Pub. Corp. 1985. Zombeck, MV. *Handbook of Space Astronomy and Astrophysics.* Cambridge Univ. Press.

15. Galaxias más brillantes

NGC	Messier	α 2000 (h m)	δ 2000 (° ′)	Tipo	Magnitud	Tamaño (")	Distancia (Mpc)
55		0 15.1	–39 13	Sc	7.9	30 × 5	2.3
205		0 40.4	41 41	E6	8.9	12 × 6	0.7
221	32	0 42.7	40 52	E2	9.1	3.4 × 2.9	0.7
224	31	0 42.8	41 16	Sb	4.3	163 × 42	0.7
247		0 47.2	–20 46	S	9.5	21 × 8	2.3
253		0 47.6	–25 17	Sc	7.0	22 × 5	2.3
SMC		0 52.6	–72 48	Irr	2.9	216 × 216	0.06
300		0 54.9	–37 41	Sc	8.7	22 × 16	2.3
598	33	1 33.9	30 39	Sc	6.2	61 × 42	0.7
Fornax		2 39.9	–34 32	dE	9.1	50 × 35	0.2
LMC		5 23.6	–69 45	Irr	0.9	432 × 432	0.05
2403		7 36.9	65 36	Sc	8.8	22 × 12	2.0
2903		9 32.1	21 30	Sb	9.5	16 × 7	5.8
3031	81	9 55.6	69 04	Sb	7.8	25 × 12	2.0
3034	82	9 55.9	69 41	Sc	9.2	10 × 1.5	2.0
4258	106	12 19.0	47 18	Sb	8.9	19 × 7	4.3
4472	49	12 29.8	8 00	E4	9.3	10 × 7	11
4594	104	12 40.0	–11.37	Sb	9.2	8 × 5	11
4736	94	12 50.9	41 07	Sb	8.9	13 × 12	4.3
4826	64	12 56.8	21 41		9.3	10 × 4	3.7

NGC	Messier	α 2000 (h m)	δ 2000 (° ′)	Tipo	Magnitud	Tamaño (”)	Distancia (Mpc)
4945		13 05.4	–49 28	Sb	8.0	20 × 4	
5055	63	13 15.8	42 02	Sb	9.3	8 × 3	4.3
5128		13 25.5	–43 01	E0	7.9	23 × 20	
5194	51	13 29.9	47 12	Sc	8.9	11 × 6	4.3
5236	83	13 37.0	–29 52	Sc	7.0	13 × 12	2.4
5457	101	14 03.2	54 21	Sc	8.2	23 × 21	4.3
6822		19 45.0	–14 48	Irr	9.2	20 × 10	0.7

FUENTE: *Fundamental Astronomy.* H. Karttunen, *et al.* Springer.

16. Algunas radiofuentes

Fuente	Flujo a 30 cm (Janskys)	Tamaño (”)	lg r (pc)	Identificación
Sol perturbado	10^8	30	–5.3	Estrella
Sol tranquilo	3×10^5	30	–5.3	Estrella
Cas A	3300	4	3.4	Resto de supernova
Cyg A	2340	1	8.5	Radiogalaxia
Cen A	2000	5	6.8	Elíptica peculiar, NGC 5128
Sgr A	2000	70	3.9	Centro Galáctico
Tau A	995	5	3.3	Resto de SN, Cangrejo
Car	800		3.1	Nebulosa Carina
Omega	800	10	3.2	Nebulosa M17
América	500	150	2.9	Nebulosa
Orión	340	10	2.7	Nebulosa Orión, M42
Trifida	300		3.0	Nebulosa, M20
Vir A	263	5	7.1	Elíptica con chorro, M87
Mon	250	70	3.0	Nebulosa Roseta
3C 392	210	16		Resto de SN, Shell
Cyg Loop	200	150	2.7	Resto SN
Gem 3C 157	180	30	3.1	Resto SN, IC 443
Lagoon	150		3.1	Nebulosa M8
2C 1725	150			Resto SN
For A	120			Espiral peculiar, NGC 1316
2C 1473	80	4		Galaxia
3C 398	70	3		Resto SN
Her A	70	3	8.6	Galaxia peculiar
And A	60	140	5,8	Galaxia Andrómeda, M31
Hya A	60	1	8.4	Galaxia peculiar
Cas A	56	7	3.5	Resto SN, Tycho-Muñoz
3C 273	50	1		Cuásar
Boo 3C 295	30	1		Galaxia

Fuente	Flujo a 30 cm (Janskys)	Tamaño (')	lg r (pc)	Identificación
Per A	20	2	7.9	Seyfert, NGC 1275
2C 1485	20	1	2.9	Resto SN, Kepler
3C 338	7	1		4 galaxias, NGC 6161

FUENTE: Adaptado de Allen, CW. *Astrophysical Quantities.* The Athlon Press.

17. Plasmas astrofísicos

	$N_e(cm^{-3})$	T_e(K)	B (gauss)
Ionosfera	$10^3 - 10^6$	$10^2 - 10^3$	10^{-1}
Espacio interplanetario	$1 - 10^4$	$10^2 - 10^3$	$10^{-6} - 10^{-5}$
Corona solar	$10^8 - 10^{12}$ (flare)	$10^6 - 10^7$ (flare)	$10^{-5} - 1$
Cromosfera	10^{12}	$2 - 3 \times 10^4$	10^3
Interior estelar	10^{27}	10^7	—
Nebulosa planetaria	$10^3 - 10^5$	$10^3 - 10^4$	$10^{-4} - 10^{-3}$
Regiones HII	$10^2 - 10^3$	$10^3 - 10^4$	10^{-6}
Regiones HI	10^{-3}	10^2	10^{-6}
Enanas Blancas	10^{32}	10^7	10^6 (superficie)
Púlsares	$10^{42} - 10^{12}$ (superficie)	—	10^{12} (superficie)
Espacio interestelar	$10^{-3} - 10$	10^2	$10^{-6} - 10^{-5}$
Espacio intergaláctico	$\leq 10^{-5}$	$10^5 - 10^6$	10^{-8}

18. Grupo local de galaxias

Nombre	α h m	δ ° ′	Tipo	m	M	r (kpc)
Vía Láctea			Sbc			0
NGC 224 = M31	00 43	41 16	Sb	4.33	–20.3	650
NGC598=M33	01 34	30 39	Sc	6.19	–18.5	740
LMC	05 24	–69 45	Irr	0.86	–17.8	50
SMC	00 53	–72 49	Irr	2.86	–16.2	60
NGC 205	00 40	41 41	E6	8.89	–15.8	650
NGC 221=M32	00 43	40 52	E2	9.06	–15.6	650
NGC 6822	19 45	–14 48	Irr	9.21	–15.3	520
NGC 185	00 39	48 20	E0	10.29	–14.4	650
NGC 1613	01 05	02 07	Irr	10.00	–14.4	740
NGC 147	00 33	48 30	dE4	10.57	–14.1	650
Fornax	02 40	–34 32	dE	9.1	–12	190
And I	00 46	38 01	dE	13.5	–11	650
And II	01 16	32 26	dE	13.5	–11	650

Nombre	α h m	δ ° ′	Tipo	m	M	r (kpc)
And III	00 35	36 31	dE	13.5	–11	650
And IV	00 42	40 35	dE			650
Leo I	10 08	12 19	dE	11.27	–10	230
Sculptor	01 00	–33 42	dE	10.5	–9.2	90
Leo II	11 33	22 09	dE	12.85	–9	230
Draco	17 20	57 55	dE			80
Ursa Minor	15 09	67 12	dE			80
Carina	06 42	–50 58	dE			170
LGS 3	01 04	21 53				650
Sextans	10 13	–01 36	dE			85

19. Algunos cúmulos de galaxias

Nombre propio	Abell Nº	α 2000 (ʰ ᵐ)	δ 2000 (° ′)	Diám. (°)	Veloc. km/s	Distanc. (Mpc)	Super-cúmulo
Haufen A	151	1 08.9	–15 25		15800	211	
	194	1 25.6	–1 30	0.3	5320	71	Perseo
	400	2 57.6	6 02		7200	96	
Perseo	426	3 18.6	41 32	4	5460	73	Perseo
Fornax II		3 28	–20 45	7	1560	21	
Fornax I		3 32	–35 20	7	1500	20	
Gemini	568	7 07.6	35 03	0.5	23400	312	
Cáncer		8 21	20 56	3	4800	64	
Hydra II		8 58	3 09		60900	812	
Leo	1020	10 27.8	10 25	0.6	19500	260	
Hydra I	1060	10 36.9	–27.32		3000	40	
Osa M. II		10 58	56 46	0.2	41000	547	
Leo A	1185	11 10.9	28 41		10500	140	
	1367	11 44.5	19 50		6150	82	Coma
Osa M. I	1377	11 47.1	55 44	0.7	15300	204	
Virgo		12 30	12 23	12	1200	16	Local
Centauro		12 50	–41 18	2	3200	43	
Coma	1656	12 59.8	27 59	4	6650	89	Coma
Bootes	1930	14 33	31 33	0.3	39300	524	
Corona Bo.	2065	15 22.7	27 43	0.5	21600	288	
Hércules	2151	16 05.2	17 45	1.7	11200	149	Hérc.
	2152	16 05.4	16 27		11500	153	Hérc.
	2197	16 28.2	40 54		9100	121	Hérc.
	2199	16 28.6	39 31	0.2	9200	123	Hérc.
Pegaso II		23 10	7 36	2	12700	169	
Pegaso I		23 22	9 02	1	4000	53	

La distancia se calculó con $H_0 = 75$ km s^{-1} Mpc^{-1}.

FUENTE: Adaptado de *Sky Catalogue 2000.0* Vol. 2, Sky Pub. Corp.

20. Supercúmulos de galaxias

ETJEA	Núm. de cúmulos	Distancia	SGX	SGY	SGZ	Nombre
9	24	300	–19.7	–299.0	–14.9	Sculptor
10	17	175	17.0	–174.1	–4.1	Piscis-Cetus
48	26	191	–61.5	–144.6	–108.5	Horologium-Reticulum
53	12	290	–12.5	–209.0	–200.6	Fornax-Eridanus
59	11	298	–31.4	–165.1	–246.1	Coelum
100	10	286	–108.9	246.7	–95.2	Leo A
111	16	230	–53.5	221.0	–34.8	Virgo-Coma
114	16	310	187.3	241.9	50.0	Draco
124	34	142	–121.1	72.5	–15.5	Shapley
138	12	196	–16.2	181.8	71.4	Bootes
150	10	324	–53.8	264.8	178.8	Bootes A
160	12	105	–20.5	71.2	74.4	Hércules
174	10	259	–133.7	–167.8	145.1	Microscopium
205	19	238	–6.1	–225.6	75.6	Aquarius

Todas las distancias se estimaron co H_0 = 100 km s^{-1} Mpc^{-1}, y deberían multiplicarse por un factor entre 0.6 y 0.75 de confirmarse los valores actuales sobre el valor de H_0. Los supercúmulos fueron tomados del catálogo *ETJEA,* M. Einasto, E. Tago, J. Jaaniste y H. Andernach, Astron. Astrophys. Sup. Series 123, 129 y los cálculos fueron hechos por E. Florido.

21. Grandes vacíos

Número EETDA	Nombre propio	Distancia	SGX	SGY	SGZ	Diámetro
1		134	–16.2	–62.4	–37.4	88
2		207	62.6	–187.2	–62.3	96
3		216	–112.3	–162.5	–87.5	72
4		241	–12.2	–212.6	–112.8	86
5		129	–12.3	–112.3	–62.3	92
6		236	37.7	–187.8	–137.9	72
7		248	87.6	–137.0	–187.3	100
8		201	–37.3	–112.4	–162.4	76
9	Vacío Local del Sur	96	6.1	37.2	–88.3	112
10	BS82	246	162.3	162.8	–87.6	144
11		160	12.5	112.8	–112.8	92
12		227	62.3	187.3	–112.1	106
13		246	–87.4	162.5	–162.7	94
14		167	–37.7	137.3	–87.3	68
15		241	–162.9	112.5	–137.5	98

Número EETDA	Nombre propio	Distancia	SGX	SGY	SGZ	Diámetro
16		222	12.5	212.6	–62.5	74
17		216	–137.5	162.3	–37.6	94
18		119	–37.6	112.2	12.4	102
19		119	12.5	112.3	37.5	108
20	Bootes	216	–62.7	187.3	87.5	78
21		143	62.4	112.5	62.5	116
22		246	112.6	187.5	112.6	96
23		219	12.3	187.5	112.4	72
24	Vacío Local del Norte	61	–29.9	15.9	50.7	104
25		198	–112.4	–162.5	–12.5	74
26		246	–37.2	–237.8	87.7	80
27		241	–37.2	–237.8	12.5	70

Las distancias se dan en Mpc tomando $H_0 = 100$ km s^{-1} Mpc^{-1}, por lo que habrá que dividir por 0.6 o 0.75 si se confirman los nuevos valores.
EETDA = Einasto, *et al.* (1994). MNRAS 269,301. Los cálculos fueron hechos por E. Florido.

22. Masa, radio y densidad de objetos astronómicos

		log *M* (g)	log *R* (cm)	log ρ (g cm^{-3})
Mercurio		22.52	8.39	0.73
Tierra		23.78	8.80	0.74
Júpiter		26.28	9.86	0.12
Estrella de neutrones		33.16	5.93	14.75
Enana blanca	αCMaB	33.30	8.77	6.37
Secuencia Principal	M8	32.2	9.95	1.76
	Sol	33.30	10.84	0.15
	A0	33.85	11.25	–0.55
	O5	34.9	12.1	–2.0
Supergigante	K0	34.4	13.15	–5.7
Protoestrellas		35.3 ?	16.2 ?	–13.9 ?
Galaxia elíptica compacta	M32	42.5	20.65	–20.0
Espirales	LMC	43.2	21.75	–22.65
	M33	43.5	21.8	–22.5
	M31	44.6	22.3	–22.9
Elípticas gigantes	NGC 4489	45.5	22.4	–22.3
Cúmulos de galaxias	Virgo F	47.2	24.3	–26.3
	Coma	48.3	24.6	–26.1
Supercúmulos	Local	48.7	25.5	–28.4

FUENTE: Adaptado de G. de Vaucouleurs, *Science,* 167, 1203 (1970)

23. Fuentes de rayos X

Fuente	Luminosidad (erg s^{-1})	Rango de energías (keV)	Tipo de fuente
SMC X-1	6×10^{38}	2-11	Binaria
A 0538-66	1.2×10^{39}	2-11	Pulsar binario
Nebulosa del cangrejo	4.9×10^{37}	0.1-100	Resto SN
LMC	4×10^{38}	2-10	Galaxia
M31	3×10^{39}	»	Galaxia espiral
Vía Láctea	5×10^{39}	»	Galaxia espiral
NGC 4151	5×10^{42}	»	Seyfert
Cen A	2×10^{42}	»	Radio fuente gigante
3C 273	7×10^{45}	»	Cuásar
Cúmulo de Perseo	1×10^{45}	»	Cúmulo de galaxias
Cúmulo de Coma	5×10^{44}	»	Cúmulo de galaxias
Cúmulo de Virgo	1.5×10^{43}	»	Cúmulo de galaxias

FUENTE: Adaptado de M. V. Zombeck, *Handbook of Space Astronomy and Astrophysics*. Cambridge University Press.

24. Abundancias químicas en el Sistema Solar

H	2.66×10^{10}	Ar	1.06×10^{5}
He	1.80×10^{9}	Al	8.50×10^{4}
O	1.84×10^{7}	Ca	6.25×10^{4}
C	1.11×10^{7}	Na	6.00×10^{4}
Ne	2.60×10^{6}	Ni	4.78×10^{4}
N	2.31×10^{6}	Cr	1.27×10^{4}
Mg	1.06×10^{6}	Mn	9.30×10^{3}
Si	1.00×10^{6}	P	6.50×10^{3}
Fe	9.00×10^{5}	Cl	4.74×10^{3}
S	5.00×10^{5}	K	3.50×10^{3}

Las abundancias son relativas tomando para el silicio el valor de 10^6 convencionalmente.

FUENTE: Zombeck (1990. Cambridge Univ. Press), adaptado del *Handbook of Space Astronomy and Astrophysics*.

25. Historia del Universo

log t (años)	Época	Era	Comentarios
−50			
−47		Era supersimétrica	Las cuatro fuerzas de la naturaleza unificadas.
−44	Época de Planck		
−41		GUT	Unificación de las interacciones fuerte y electrodébil.
−38			
−35		Inflación	Campos cuánticos producen expansión exponencial. Ecuación de estado $\epsilon = p$. Semillas de estructuras. ¿Creación de B?
−32			
−29			
−26			
−23		Electrodébil	Unificación interacciones débil y electromagnética.
−20			
−17			
−14			
−11	Transición electrodébil		
−8		Quarks	Quarks libres.
−5	Bariogénesis		
−2		Partículas	Los quarks forman protones y neutrones.
1	Aniquilación		
4		Radiación	Dominio de la radiación. Los neutrinos se han desacoplado. Se ha formado H y He y algunos elementos ligeros. Se han aniquilado positrones con electrones.
7			
10	Igualdad	Plasma	Comienza el dominio de la materia.
13	Recombinación		
16	► Vd. está aquí	Átomos	Se forman átomos. La radiación se desacopla. Formación de estrellas de generación III. Formación de galaxias con estrellas.
19			
22	Mueren las últimas estrellas		
25	Planetas abandonan su estrella fósil		
28	Estrellas fósiles abandonan su galaxia		
31	Los WIMPS se aniquilan dentro de fósiles		Sólo quedan estrellas fósiles degeneradas. En el centro de las galaxias permanece un agujero negro masivo. Las estrellas fósiles caen en los agujeros negros galácticos.
34			
37	Agujeros negros tragan fósiles		
40		Degeneración	
43	¿Desintegración del protón?		
46			
49			
52			
55			
58		Agujeros negros	
61			
64			
67			
70			
73	Evaporación de agujeros negros estelares		El protón se desintegra (no se sabe bien en qué tiempo) en positrones, electrones, piones y fotones. Ya no hay materia bariónica.
76			
79			
82			
85			
88			
91	Evaporación de agujeros negros galácticos		
94			
97			
100			
103			
106	Evaporación de todo agujero negro		
109			
112		Era oscura	
115	Formación del positronio		
118		Positronio	El Positronio está formado por electrón y positrón orbitando.

B. Fundamentos

1. El cuerpo negro

El cuerpo negro es el modelo de radiación más simple de la Física. Un cuerpo negro es un sistema de fotones en equilibrio termodinámico. Todo sistema aislado de partículas alcanza el equilibrio termodinámico y los fotones no son una excepción. El cuerpo negro se caracteriza por las siguientes propiedades: a) la isotropía: es decir, en cualquier dirección fluyen los mismos fotones, y b) la energía radiante de fotones con una frecuencia comprendida entre ν y $\nu + d\nu$ contenida en un cm^3 es

$$\epsilon_\nu = \frac{4\pi}{c} B_\nu$$

donde B_ν es la función de Planck

$$B_\nu = \frac{2h\nu^3}{c^2} \frac{1}{e^{h\nu/kT} - 1}$$

Vemos que la función $[B_\nu, \nu]$ sólo depende de un parámetro: la temperatura. Esto es típico de la distribución de equilibrio de cualquier tipo de partículas.

Para calcular la energía radiante por cm^3 total, es decir, para todas las frecuencias, tendremos que calcular $\epsilon = \int_0^\infty \epsilon_\nu \, d\nu$, para lo cual antes debemos calcular $B = \int_0^\infty B_\nu \, d\nu$ que resulta ser

$$B = \frac{\sigma}{\pi} T^4$$

donde σ es la constante Stefan-Boltzmann de valor $\sigma = 5.67 \times 10^{-5}\ erg\ s^{-1}\ cm^{-2}\ K^{-4}$. Se tiene entonces

$$\epsilon = aT^4$$

donde la constante a se *define* como

$$a = \frac{4\sigma}{c}$$

y se llama constante de «densidad de radiación». Los fotones más frecuentes son los correspondientes al máximo de la función de Planck. Evitamos este cálculo del máximo pensando que, aproximadamente, $h\nu \sim kT$ para la frecuencia de los fotones más característicos. Como $\lambda = c/\nu$, obtenemos que el producto de la longitud de onda de los fotones más característicos por la temperatura es $\lambda T = \frac{ch}{k} = 1.3$ cm K. Prácticamente, la unidad: la longitud de onda de los fotones más característicos de un cuerpo negro, expresada en centímetros es, mas o menos, el inverso de la temperatura, expresada en kelvins. Así, un cuerpo a 10^5 K (una atmósfera estelar, por ejemplo) emite fundamentalmente en 10^{-5} cm, y podrá observarse en visible. Un cuerpo a 10 K (el polvo interestelar, por ejemplo) tendrá que observarse en infrarrojo lejano o en ondas milimétricas (microondas) y un cuerpo a 10^7 K (el medio intergaláctico de un cúmulo, por ejemplo) tendrá que observarse en rayos X; Un cuerpo a 300 K (como el nuestro) se observaría en infrarrojo.

La radiación tiene también una presión de radiación, P. Entre ϵ y P hay una relación en el caso del cuerpo negro, que constituye la llamada ecuación de estado de la radiación

$$\epsilon = 3P$$

Si nos preguntamos cuánto emite un cuerpo negro, la respuesta tendría que ser: «nada». Para que algo emita y pueda observarse «desde afuera» tiene que haber un flujo de fotones que vaya desde el objeto al observador; esto supone una dirección preferente de propagación de fotones, lo que es imposible en el equilibrio termodinámico, y en particular en el cuerpo negro. Estrictamente hablando, el cuerpo negro sólo puede observarse si estamos dentro de él. Si está contenido en una «caja» podríamos hacer un agujero para observar lo que pasa dentro. Pero por el agujero se produce un escape de fotones que destruye el equilibrio, a no ser que el agujero sea infinitesimal. En ocasiones, se define el cuerpo negro con una caja con un agujero. En la práctica, el agujero infinitesimal tendrá unas dimensiones finitas. Puede ser muy grande incluso si, a pesar de todo, no destruye el equilibrio termodinámico interno. Una estrella no es un cuerpo negro, pero a veces, este modelo nos da una primera descripción y se hace la aproximación de considerar a las estrellas cuerpos negros. En este caso, el agujero es toda la superficie de la estrella: una estrella se aproxima a un cuerpo negro, en el cual el agujero de la caja es más grande que la caja (!). En el caso de un «agujero», lo que vemos por él, tiene que ser algo parecido a lo que veríamos si estuviéramos dentro de la caja.

En este sentido podemos «relajar» el lenguaje, hablar de emisión del cuerpo negro, y calcular el flujo en su superficie, que resulta ser

$$q = \sigma T^4$$

o energía radiante que sale por un cm^2 por segundo.

En el Cosmos se dan las condiciones ideales de observación de un cuerpo negro, porque «estamos dentro» de uno, el llamado de la Radiación de Fondo, a 2.7 K, sistema de fotones que baña todo el Universo. Aquí no nos hace falta agujero alguno. Para otros objetos astrofísicos, el modelo de cuerpo negro proporciona una descripción, algo imprecisa, pero rápida y sencilla. En otros casos, sin embargo, como puede ser el de la emisión del continuo de radio de una galaxia, el modelo de cuerpo negro es completamente inadecuado. Se dice entonces que la emisión no es «térmica».

2. El poder de resolución angular

Con una gran abertura del telescopio podemos observar fuentes muy débiles. La otra gran ventaja de un diámetro de abertura mayor es que se obtiene un «poder de resolución angular» mayor. La imagen de una estrella muy lejana sería puntual, pero se ensancha debido a un efecto de difracción producido por los bordes del mismo espejo. El ángulo que caracteriza el ensanchamiento de un punto viene dado por $\lambda/2D$, siendo λ la longitud de onda observada y D el diámetro de abertura. El ángulo así obtenido viene expresado en radianes. Cuando dos estrellas están separadas angularmente en menos de $\lambda/2D$, resultan indiscernibles puesto que sus imágenes ensanchadas se solapan y confunden. Cuanto mayor sea D, menor es el ángulo de ensanchamiento, o dicho de otra forma, mejor es el poder de resolucion angular.

Puede fácilmente calcularse que el poder de resolución del radiotelescopio de Arecibo (D = 300 m; $\lambda \approx 20$ cm) es de 72", el de Pico Veleta (D = 30 m; $\lambda \approx 3$ mm) de 9", un telescopio óptico profesional de 4 m tiene ~0.01", uno de aficionado de 20 cm tiene ~0.5" y el ojo humano, con una pupila de ~1 mm tiene 60" aproximadamente.

La parábola real de un espejo no debe desviarse de la parábola ideal matemática en más de 0.1 λ. Cuando λ es grande, en radio por ejemplo, los errores y defectos de construcción del telescopio pueden ser mayores. Los radiotelescopios pueden ser mucho mayores que los telescopios ópticos, pues no se necesita tanta precisión en la construcción de la parábola.

La técnica interferométrica permite mejorar el poder de resolución. Si observamos con dos o más radiotelescopios que operen coordinadamente, el ángulo mínimo detectable sigue siendo calculado mediante $\lambda/2D$, pero ahora D es la separación entre los radiotelescopios. El mayor valor de D hoy alcanzable es el propio diámetro de la Tierra, hablándose entonces de interferometría continental. Así el VLBI consigue una resolución de $\sim 10^{-3}$". Si uno de los radiotelescopios se situa en el espacio esta cifra puede bajar sustancialmente (véase Material A6).

Puede ser inútil mejorar indefinidamente la resolución angular de un telescopio óptico, debido a que hay otra causa de ensanchamiento de la imagen puntual, a la que se denomina *seeing*. La atmósfera es turbulenta y como consecuencia de lo cual, el índice de refracción sufre pequeñas modificaciones aleatorias. El rayo luminoso proveniente de una estrella no cae entonces siempre en el mismo lugar exactamente. Como la turbulencia puede estar producida por la misma cúpula, el *seeing* de cada telescopio es difícil de prever y varía de un día para otro. El *seeing* es el fenómeno que produce el parpadeo de las estrellas. Se considera un buen *seeing* el menor de 1", mientras que 0.1" es el sueño incumplido de todo astrónomo observacional.

3. Leyes de Kepler

Las leyes de Kepler describen el movimiento orbital de los planetas. Fueron encontradas empíricamente, aunque la Mecánica de Newton permite su deducción rigurosa. Ésta, sin embargo, necesita un nivel matemático ligeramente por encima del de este libro. Enunciemos las leyes con algunos argumentos que las justifiquen, que son más reglas para recordarlas que verdaderas deducciones.

1.ª Ley de Kepler. «Los planetas tienen órbitas elípticas en uno de cuyos focos está el Sol».

2.ª Ley de Kepler. Si consideramos el vector Sol-Planeta y dejamos que se mueva, al transcurrir el tiempo dt, recorrerá un área $\frac{1}{2} v(r)rdt = \frac{1}{2} \omega(r)r^2dt$ siendo $v(r)$ la velocidad (variable) del planeta y $\omega(r)$ la velocidad angular (variable) del planeta. La velocidad del área, o área cubierta en dt, dividiendo por dt, se mantiene constante. Esto es lo que dice la 2.ª ley de Kepler: «Áreas barridas en tiempos iguales son iguales». En realidad es una forma medieval, algo pintoresca, de expresar simplemente

$$vr = cte$$

Así, si r es máximo (perihelio) v debe ser muy pequeña. Y al contrario, cuando el planeta pasa cerca del Sol (afelio) el planeta lleva una velocidad mayor. La explicación es que la expresión vr es proporcional al momento cinético, que es constante cuando las fuerzas son centrales (como en este caso, en el que la gravedad es un vector con dirección al Sol).

3.ª Ley de Kepler

$$\tau^2 \propto a^3$$

donde τ es el período y a el semieje mayor de la elipse. Una forma de recordarla consiste en pensar que, para un observador no inercial situado en el Sol y observando el planeta en la misma posición gracias a un giro, y si la elipse fuera, como caso particular, una circunferencia (en cuyo caso $v = cte$ y $r = cte = a$) tendrían que igualarse las fuerzas gravitatoria y centrífuga con lo cual

$$G \frac{M_{sol} m_{planeta}}{a^2} = m_{planeta} \frac{v^2}{a}$$

Con lo cual $v^2 \propto \frac{1}{a}$. Pero como $v = \omega a = 2\omega a/\tau$, en este caso, tendremos $\tau^2 \propto a^3$, como dijimos.

4. Sobre los conceptos de temperatura y presión

Son estos conceptos familiares, pero les utilizaremos en condiciones físicas y para tipos de partículas sobre las que no tenemos una intuición directa.

La Termodinámica clásica da una definición precisa de la *temperatura,* T, aunque se refiere a sistemas en equilibrio, poco frecuentes en el Cosmos. Como la temperatura representa la agitación térmica, utilizaremos más bien una definición cinética de temperatura.

$$\frac{1}{2} mV^2 = \frac{3}{2} kT$$

donde m es la masa de una partícula, V la velocidad cuadrática media y k una constante de proporcionalidad, llamada de Boltzmann. También hablaremos de temperatura de un sistema de fotones (véase Material B1). En este caso también se cumple $h\nu = kT$, siendo ν una frecuencia media de los fotones (ley del corrimiento de Wien).

El concepto de *presión* está asociado a la fuerza por unidad de superficie, perpendicular a la pared del recipiente que contiene un fluido. En realidad, aunque no haya recipiente —y en Astrofísica no les hay— el concepto de presión subsiste, pero aprovechemos esta interpretación elemental. Si la pared se ve empujada es porque, si no existiera, las partículas pasarían por allí, y al impedírselo la pared, dejan allí su momento, p. El momento por unidad de tiempo es fuerza. Pensemos primero en partículas que llegan a la pared perpendicularmente. El momento total que empuja la pared, sería p (el momento de una partícula por término medio) multiplicado por el número de partículas que llegan en dt. Éstas serían las contenidas en un cilindro de base ds y longitud Vdt, siendo V la velocidad de las partículas por término medio. En total la fuerza sería $(npdSV\,dt)/dt$ (siendo n el número de partículas por unidad de volumen) y la fuerza por unidad de superficie, es decir la presión, sería npV. Pero no todas las partículas tendrán una velocidad perpendicular a la pared, por lo que habrá que dividir por algún factor al producto pV. Cuando hay equilibrio y todas las direcciones son equiprobables, debido a la tridimensionalidad del espacio, este factor es precisamente 3. En efecto, $p^2 = p_x^2 + p_y^2 + p_z^2$ y como $p_x = p_y = p_z$, $p^2 = 3\,p_x^2$, luego el componente perpendicular a la pared es $p_x = p/\sqrt{3}$. Con la velocidad ocurre lo mismo, $V^2 = 3V_x^2$, luego el producto pV tienen que ser dividido por $\sqrt{3}\sqrt{3} = 3$. Por lo tanto, la presión P, se calculará mediante

$$P = \frac{1}{3} npV$$

En el caso particular de partículas clásicas, $p = mV$, con lo cual, con la fórmula anterior de definición de temperatura

$$P = \frac{1}{3} nmV^2 = nkT$$

que es la ecuación de estado de los gases ideales. Pero, en general, habrá que recurrir a la expresión general y así lo haremos en diversas partes del libro.

Puede ser que la ecuación de los gases perfectos en la forma $P = nkT$, no sea habitual para el lector, más acostumbrado a la expresión $P\mathcal{V} = NRT$, donde $\mathcal{V}$ es el volumen, N el número de moles y R una constante. Pero en el Cosmos, no suele haber recipientes con un volumen y el número de moles no es la magnitud preferida por los físicos. Más que el número de moles se utiliza el número de moléculas NN_a, siendo N_a el número de Avogadro, y aún mejor, el número de moléculas por unidad de volumen, n. Dividiendo por V, se obtiene la ecuación anterior pues $R/N_a = k$.

En el caso de los fotones, el momento es $h\nu/c$, la velocidad es c, luego la presión es $P = \frac{1}{3} nh\nu$, pero $nh\nu$ es la densidad de energía de los fotones, ϵ. Luego la ecuación de estado de los fotones es

$$\epsilon = 3P$$

fórmula que también utilizaremos, y que ya vimos en el Material B1.

5. El sol

Masa: $M_\odot = 1.989 \times 10^{33}$ g
Radio: $R_\odot = 6.96 \times 10^{10}$ cm
Temperatura efectiva: 5785 K (característica de su atmósfera)
Luminosidad: $L_\odot = 3.82 \times 10^{33}$ $erg\ s^{-1}$
Flujo en la superficie: 6.27×10^{10} $erg\ cm^{-2}\ s^{-1}$
Magnitud visual aparente: $V = -26.78$
Índices de color: B-V = 0.62
U-B = 0.10
Magnitud visual absoluta: $M_V = 4.79$
Inclinación del ecuador a la elíptica: 7° 15'
Paralaje ecuatorial: 8.794"
Movimiento: hacia $\alpha = 270°$
$\delta = 30°$
con 19.7 km/s
Distancia al centro galáctico: 8.5 kpc
Distancia a la Tierra: 1 AU = 1.496×10^{13} cm $\sim$ 8 minutos-luz
Diámetro angular desde la Tierra: 32'
Temperatura central: 1.5×10^7 K
Densidad central: 160 $g\ cm^{-3}$

Presión central: 3.4×10^{17} *din* cm^{-2}
Constante solar (flujo recibido en la Tierra, salvo extinción atmosférica): 1.36×10^6 *erg* cm^{-2} s^{-1}
Período del ciclo solar (abundancia de manchas): 11.04 años
Próximo máximo del ciclo solar: Año 2002

6. Integración numérica

Hay dos formas de hacer integrales y resolver ecuaciones diferenciales: integración analítica e integración numérica.

Consideremos la integral sencilla $\int_0^1 xdx$. El procedimiento analítico es el más usual y exacto; sabemos que la solución es $\frac{1}{2}x^2]_0^1 = 0.5$. El procedimiento numérico en cambio da resultados aproximados. Consiste en transformar dx en un intervalo finito aunque pequeño, Δx; por ejemplo, hagamos $\Delta x = 0.1$; y convirtamos la integral en una suma: $0 \times 0.1 + 0.1 \times 0.1 + 0.2 \times 0.1 + ... + 0.9 \times 0.1$. El resultado es 0.45. Como vemos, no es correcto, puesto que sabemos que tenía que salir 0.5, pero es aproximado.

Si hacemos Δx más pequeño, por ejemplo Δx =0.05, obtenemos 0.475, que es un poco mejor. En general conviene hacer Δx más pequeño para obtener mejores resultados. Esto es una tendencia general pero la exactitud obtenida depende más del método numérico de integración empleado que del valor de Δx.

Consideremos ahora la ecuación diferencial sencilla $dy = xdx$. Analíticamente obtenemos $y = \frac{1}{2}x^2 + C$, siendo C una constante. Si además sabemos que $y = 0$ para $x = 0$, la constante es cero, y obtenemos como solución la curva $y = \frac{1}{2}x^2$. Numéricamente en cambio procedemos de la siguiente forma: hagamos (por ejemplo) $\Delta x = 0.1$. Partimos del punto que conocemos: $x = 0$; $y = 0$. Vamos calculando $\Delta y = x\Delta x$ y obtenemos un valor de y sumando al anterior el valor de Δy.

En la tabla adjunta vemos que los valores obtenidos numéricamente son parecidos (pero no iguales) a los obtenidos analíticamente. En este caso particular, también obtenemos mayor exactitud haciendo Δx más pequeño, pero en el caso de las ecuaciones diferenciales, lo más exacto es elegir un método de integración numérica adecuado. Hay muchos métodos dependiendo del tipo de ecuación. Algunos pueden ser muy defectuosos, o con inestabilidades inherentes y por mucho que disminuyamos Δx, no conseguimos nada.

¿Por qué recurrir a métodos numéricos si son inexactos y más laboriosos? Porque la solución analítica en muchos casos no se conoce. Son laboriosos, pero la labor es rutinaria y repetitiva, lo que un ordenador hace muy bien. Cuando se trata de un sistema de ecuaciones diferenciales algo complejas, lo más frecuente es que no exista o nadie conozca la solución analítica.

Lo más frecuente es que queramos la solución numérica con la mayor exactitud posible, lo que suele necesitar más tiempo de cálculo para un ordenador; Aunque a veces, como ocurre en este libro al hablar de interiores estelares, lo que nos interesa es una solución rápida aunque aproximada, pues podemos tener una idea inmediata y directa del orden de magnitud de las magnitudes en el problema considerado. Esto puede ser bueno, además, para propósitos didácticos, como lo son los de este libro.

ANALÍTICO		NUMÉRICO	
x	$y = \frac{1}{2}x^2$	$\Delta y = x\Delta x$ ($\Delta x = 0.1$)	$y = y_{anterior} + \Delta y$
0	0	0	0
0.1	0.005	0.01	0.01
0.2	0.020	0.02	0.03
0.3	0.045	0.03	0.06
0.4	0.080	0.04	0.10
0.5	0.125	0.05	0.15
0.6	0.180	0.06	0.21
0.7	0.245	0.07	0.28
0.8	0.320	0.08	0.36
0.9	0.405	0.09	0.45
1.0	0.500	0.10	0.55

7. La escala de altura

¿Por qué no se «cae» el aire?

Después de todo, el aire está formado por moléculas que están sometidas a la gravedad terrestre, y deberían acabar en la superficie terrestre, como están las piedras y... nosotros mismos.

Podemos responder a esta pregunta, aparentemente paradójica, desde un punto de vista microscópico. Las moléculas de un gas están dotadas de una gran velocidad (del orden de $(3kT/m)^{1/2}$) y si al caer chocaran contra el suelo, rebotarían y volverían a subir. Generalmente, no chocarán contra el suelo, sino con otra molécula, pero básicamente podemos decir que la deposición de la atmósfera en la superficie terrestre está impedida por la velocidad de las moléculas.

En Mecánica de Fluidos, se prescinde del concepto de molécula e ignoramos deliberadamente todo lo que ocurre a nivel microscópico. Entonces decimos que a la gravedad se opone otra fuerza macroscópica, denominada la «fuerza del gradiente» (de presión). Cuando en una región del fluido hay una presión, el fluido tiende a moverse a otras regiones de menor presión; la fuerza del gradiente de presión cuantifica esta tendencia.

En una atmósfera, la presión es mayor abajo y menor arriba. Hay entonces un gradiente y por consiguiente una fuerza hacia arriba que puede equilibrar a la gravedad, que es una fuerza hacia abajo (¡por definición de abajo!). Ya hemos visto que esto es así en los interiores estelares, siendo la presión de radiación solo importante en estrellas muy masivas y calientes.

Planteémonos el caso de una atmósfera en equilibrio hidrostático. Es éste un caso particularmente sencillo de la hidrostática pues podemos aceptar muchas condiciones simplificadoras. La velocidad es cero y no existen variaciones temporales; además la atmósfera puede estar estratificada, es decir, solo existen variaciones verticales de cualquier magnitud involucrada; la única fuerza externa que actúa sobre una unidad de volumen cualquiera, es la gravedad ρg y tiene que equilibrarse con la fuerza del gradiente, $-dP/dz$. Por tanto:

$$dP = -\rho g dz$$

Si ahora admitimos que la atmósfera es un gas perfecto, con lo que satisface $P = (\rho/m)kT$, tendremos

$$\frac{dP}{P} = -\frac{dz}{H}$$

siendo H, la llamada «escala de altura», que tendrá como valor

$$H = \frac{kT}{mg}$$

Si g, m, T pueden además suponerse constantes, de forma que H lo sea, podemos integrar la ecuación diferencial anterior obteniendo

$$P = P_0 \exp -\frac{z}{H}$$

donde $P_0 \equiv P(z = 0)$, la presión en la superficie. Así pues, en una atmósfera isoterma, la presión decrece exponencialmente con la altura.

Como primer ejemplo, vemos que «aquí», la escala de altura sería (tomando T $\sim$ 273 K y $m = 29\ m_p$, siendo m_p la masa del protón; esto equivale a suponer nuestra atmósfera como 3/4 de N_2 y 1/4 de O_2) de unos 8 km. Siempre que estemos considerando alturas mucho menores que 8 km, podemos hacer un desarrollo en serie de la ecuación anterior ($e^{-x} \approx 1 - x\ ...$)

$$P \approx P_0\left(1 - \frac{z}{H}\right)$$

donde vemos cómo decrece la presión con la altura: $dP/dz = -P_0/H \sim -1.25 \times 10^{-3}$ mb/cm $\sim$ 12.5 mb cada 100 m (tomando $P_0 \sim 1000$ mb). Algunos relojes de pulsera utilizan estas fórmulas para determinar alturas sobre el nivel del mar.

Pero el concepto de escala de altura no es solamente válido y útil en nuestra troposfera, sino que tiene una gran influencia para deducir las propiedades de cualquier atmósfera planetaria o estelar. En particular, aplicaremos estas ecuaciones para deducir el enfriamiento adiabático en la ascensión, con lo que podremos analizar la convección en una atmósfera.

8. Enfriamiento adiabático

Calor es la transmisión de la energía cuando no se producen desplazamientos observables macroscópicamente. Por ejemplo, si calentamos una barra en un extremo, al poco rato, la temperatura en el otro extremo de la barra aumenta, sin que podamos apreciar ningún movimiento externo. Lo que ha ocurrido es que mediante colisiones los átomos más energéticos han comunicado su energía a sus vecinos, átomo a átomo, de forma microscópica. Esta forma de propagación del calor se llama conducción.

En general, cuando un sistema no intercambia calor con el medio que le rodea, se dice que experimenta un proceso adiabático. En una expansión adiabática, el sistema se expande sin que le comuniquemos calor, luego la energía de la expansión sólo puede ser extraída de su propia energía interna. Al perder energía interna, disminuye su temperatura, luego una expansión adiabática enfría al sistema. Como la expansión también lleva implícita una disminución de la densidad, debe de existir una relación creciente entre densidad y temperatura. ¿Cuál es esta relación? Depende de la naturaleza del sistema. Si particularizamos al caso de un gas ideal monoatómico, el caso de mayor interés en Astrofísica, esta relación es muy sencilla

$$T \propto \rho^{2/3}$$

Nos interesa su deducción y nos interesa algún caso práctico de la vida cotidiana. La deducción es familiar para cualquier estudiante de Termodinámica. Hagamos aquí un esbozo. El trabajo que realiza el sistema es igual a la disminución de energía interna. Para fijar ideas supongamos la expansión isótropa de una esfera de gas. El trabajo es Fdl, siendo F la fuerza que actúa en el borde del sistema y dl la longitud expandida elemental. (En este caso la fuerza y el desplazamiento son paralelos y no se necesitan vectores.) La fuerza es $P\sigma$, siendo P la presión y σ la superficie esférica. El trabajo es entonces $P\sigma dl = PdV$, siendo dV el volumen elemental expandido. En el gas perfecto, $P = \frac{N}{V} kT$, siendo N el número total de partículas del sistema. La disminución de energía interna será $-d\left(\frac{3}{2} kT\right) = -\frac{3}{2} NkdT$ (si el gas es monoatómico)

$$\frac{N}{V} kTdV = -\frac{3}{2} NkdT$$

ecuación diferencial que (una vez eliminadas las constantes N y k) integrada nos da con toda facilidad:

$$VT^{3/2} = constante$$

Como $\rho = masa/volumen = (mN)/V$, siendo m la masa de una átomo, y siendo m y N constantes, obtenemos sin más dificultad la relación $T \propto \rho^{2/3}$ buscada.

Cuando el aire asciende, como la presión disminuye con la altura, se encuentra con capas de menor presión y se expande. Si la expansión es suficientemente rápida, puede considerarse adiabática y el aire se enfría. El enfriamiento en el aire puede ser espectacular puesto que se puede llegar a la temperatura de condensación, pasando el vapor de agua a agua líquida, formándose nubes que nos revelan el proceso que de otra forma permanecería oculto a nuestros ojos. Así, cuando el aire asciende por una montaña, la temperatura disminuye y puede llegarse a la condensación y formación de nubes. Si el aire desciende se produce el efecto contrario y las nubes se disipan. El aire que proviene de las montañas es caliente, como ocurre en Múnich con los Alpes o en Granada con Sierra Nevada.

9. Convección en una atmósfera

Se dice, de una forma imprecisa, que «el aire frío pesa más». Por más que se la analice, no se encuentra en esta frase un significado claro. Y sin embargo proporciona una intuición correcta para prever la inestabilidad de un fluido en un campo gravitatorio, problema de muy difícil tratamiento matemático. Así, si la atmósfera (de un planeta o una estrella) es tal que la temperatura crece con la altura, será estable, porque el aire caliente, más ligero, está arriba y el frío, más pesado, está abajo. Ésto ocurre, por ejemplo, en la termosfera terrestre ($z \geq 100$ km). Si la temperatura decrece con la altura, tenemos que pensar si la atmósfera será estable o no. Si el decrecimiento es enorme, probablemente la atmósfera será inestable, pero si es moderado, será estable, y habrá un gradiente crítico que separe las condiciones de estabilidad e inestabilidad. Calculemos ese gradiente crítico.

Como criterio de estabilidad consideraremos el siguiente: supongamos que, por cualquier causa desconocida, pequeña y accidental, una burbuja de aire tiene un pequeño movimiento ascendente. El movimiento, al ser rápido, puede considerarse adiabático y ya vimos (Material anterior) que el ascenso adiabático acarrea enfriamiento. Al final de su pequeño recorrido la burbuja estará más fría. La pregunta es si estará más fría o no que el aire circundante. Si lo está, como el aire frío pesa más, descenderá. La atmósfera será estable, pues al movimiento accidental de ascensión sucede un descenso que restituye la situación inicial. Pero si tras el pequeño ascenso accidental, la burbuja está menos fría que el aire circundante, la burbuja será más ligera y seguirá ascendiendo. El pequeño ascenso accidental se verá entonces amplificado. Comparemos la temperatura de la burbuja con la externa. Sabemos cómo se enfría la burbuja. Como el movimiento es adiabático lo hará según la fórmula $T \propto \rho^{2/3}$ (solo si el gas es monoatómico) tal como se dedujo en el Material B8. Pero para conocer la temperatura externa hay que conocer el gradiente natural, es decir, la función $T(z)$.

El gradiente crítico corresponderá a una atmósfera en la que

$$T = \text{constante } \rho^{2/3}$$

precisamente. De esta forma nos aseguramos que la temperatura de la burbuja es precisamente igual a la del medio que la rodea. Esta atmósfera crítica se llama precisamente adiabática, por razones obvias. Si la temperatura decrece con la altura más rápidamente que lo previsto por la fórmula anterior, la atmósfera se llama superadiabática y es inestable. Si la temperatura decrece más lentamente que lo previsto por la fórmula anterior, la atmósfera se llama subadiabática y es estable. Ni que decir tiene, que si la temperatura crece con la altura, la atmósfera es estable con toda seguridad.

Pero la fórmula anterior nos liga la temperatura con la densidad, no con la altura. Para hacer el cambio tengamos en cuenta la ecuación de estado de los gases perfectos $P = (\rho/m)kT$ y la variación de presión con la altura (tal como se encontró en el Material B7) $(1/P)(dP/dz) = -1/H$, siendo H la escala de altura $H = kT/mg$. Si en la fórmula anterior tomamos logaritmos neperianos y derivamos y lo mismo hacemos con la ecuación de los gases perfectos

$$\frac{1}{T}\frac{dT}{dz}=\frac{2}{3}\frac{1}{\rho}\frac{d\rho}{dz}=\frac{2}{3}\frac{1}{P}\frac{dP}{dz}-\frac{2}{3}\frac{1}{T}\frac{dT}{dz}=-\frac{2}{3}\frac{1}{H}-\frac{2}{3}\frac{1}{T}\frac{dT}{dz}$$

con lo cual

$$\frac{5}{3}\frac{1}{T}\frac{dT}{dz}=-\frac{2}{3}\frac{1}{H}=-\frac{2}{3}\frac{mg}{kT}$$

luego el gradiente deseado es

$$\frac{dT}{dz}=-\frac{2}{5}\frac{mg}{k}$$

En un gas monoatómico $\frac{5}{2}\frac{k}{m}$ es precisamente el calor específico a presión constante, c_p, por lo que la fórmula anterior suele escribirse

$$\frac{dT}{dz}=-\frac{g}{c_p}$$

fórmula que, aunque estrictamente ha sido deducida para un gas monoatómico, es válida para cualquier gas.

¿Qué ocurrirá cuando la atmósfera sea superadiabática? Como hemos visto, a un ascenso accidental sucede una amplificación del ascenso. Habrá zonas con aire ascendente y zonas con aire descendente, lo cual además se corresponde con la imposición de continuidad de que el aire que asciende, por algún lado descenderá. ¿Dónde habrá ascensos y dónde descensos? Es imprevisible; pero lo que tenemos es un conjunto de «células de convección», características de movimiento caótico turbulento. Y puede ser espectacularmente visible si, como ocurre en nuestra troposfera (la región atmosférica que respiramos) el enfriamiento adiabático en las regiones caracterizadas por ascenso, va acompañado de condensación y formación de nubes.

Nuestra troposfera es a veces subadiabática y a veces superadiabática, como nos dice la experiencia cotidiana. Examinando las diferentes capas de las atmósferas de los distintos planetas, se encuentran que rara vez son superadiabáticas, y que muy frecuentemente son precisamente adiabáticas, a pesar de que éstas representan una situación crítica caracterizada por un valor muy determinado de la componente vertical del gradiente de temperatura. La razón es que si la atmósfera es superadiabática, las propias células de convección que se originan generan un mecanismo de propagación de calor, de abajo a arriba, que suaviza progresivamente el valor absoluto del gradiente. Cuando el gradiente alcanza finalmente la adiabacia, cesan las células de convección, cesa el transporte de calor y el gradiente se estabiliza.

Evidentemente, lo dicho no es solamente válido para atmósferas planetarias sino para atmósferas e interiores estelares. En las estrellas no es raro que se den las condiciones superadiabáticas pues abajo la temperatura es altísima. Las estrellas tienen pues una gran tendencia a desarrollar células convectivas, como se aprecia en las imágenes del Sol. Aunque en el texto, se ha supuesto que el transporte de energía es de naturaleza radiativa, en ocasiones lo es de convectiva.

Los vientos generados en las estrellas muy jóvenes son en ocasiones hacia fuera y en ocasiones hacia dentro, debido probablemente a mecanismos inestables como los que hemos discutido.

C. Balance

1. La astronomía en España

España ha tenido tres épocas de mayor auge astronómico: la edad media, el siglo XVI y la actualidad. Recordemos en la Edad Media las figuras de Azarquiel (Toledo, (?)-Córdoba, 1100) y el rey Alfonso X el Sabio (Toledo, 1221-Sevilla, 1284). En el siglo XVI jugaron un papel decisivo la Casa de Contratación, el observatorio del Escorial, la Universidad de Salamanca, etc. Pero vamos a referirnos a la historia más reciente de la astronomía española.

En 1791 se creó el Observatorio de S. Fernando, hoy convertido en el Real Instituto y Observatorio de la Armada, que viene publicando sus Efemérides prácticamente desde entonces, y en 1790 el Observatorio de Madrid, hoy convertido en el Observatorio Astronómico Nacional, que tuvo un telescopio de 40 cm construido por el mismísimo W. Herschel, y del que actualmente depende el Centro Astronómico de Yebes (1977).

Las cátedras de Astronomía de Madrid, Barcelona y Zaragoza tienen sus raíces en los siglos XVIII y XIX y a principios de este siglo se crearon los observatorios de Fabra (Barcelona, 1904), Ebro (Tortosa, 1904) y Cartuja (Granada, 1902). De entonces también data la tradición astronómica de Santiago, que condujo a la creación del actual Observatorio Ramón María Aller. Todas estas instituciones subsisten y están modernizadas.

Recientemente se ha producido un renacimiento de la ciencia española, al que no ha sido ajena la Astronomía. A él ha contribuido el interés de otros países de mayor desarrollo científico por nuestro cielo y nuestro suelo. Esto ha propiciado colaboraciones, convenios y disponibilidad de tiempo de observación para los astrónomos españoles en telescopios de gran tamaño y tecnología.

En 1975 se crean el IAC, Instituto de Astrofísica de Canarias (La Laguna), actualmente el centro astrofísico español de mayor tamaño, y el IAA, Instituto de Astrofísica de Andalucía (Granada). Se crean nuevas cátedras de Astrofísica en La Laguna (desde 1972), Granada (1982), Cantabria (1988) y Valencia (desde 1991). Se crean otros centros de cooperación con otros países, como el CAHA, Centro Astronómico Hispano Alemán (Almería, 1972), la Estación VILSPA (Madrid, 1977) de la ESA, Agencia Espacial Europea, para operación de satélites con propósitos astronómicos, los Observatorios del Roque de los Muchachos (La Palma, 1979) y de Izaña, coordinados ambos por el IAC, y el IRAM, Instituto de Radio-Astronomía Milimétrica (Granada, 1982).

El INTA, Instituto Nacional de Técnica Aeroespacial (Madrid, 1945), que desde hace tiempo dispone de la base de lanzamiento de cohetes de sondeo de El Arenosillo (Huelva), tiene una División de Investigaciones Espaciales y el LAEFF, Laboratorio de Astrofísica Espacial y Física Fundamental (1991). Hay que destacar también el Instituto de Física de Cantabria (Santander, 1995), el Institut d'Estudis Espacials de Catalunya (Barcelona, 1996), el Instituto de Astronomía y Geodesia (1982) y otros. Prácticamente todas las universidades albergan hoy grupos de investigación astronómica, así como otros institutos no dedicados exclusivamente a la Astronomía, como el Instituto Mediterráneo de Estudios Avanzados (Baleares), el Instituto de Estructura de la Materia, etc.

Entre los telescopios más potentes podemos destacar el Radiotelescopio de Ondas Milimétricas de Pico Veleta (IRAM, Granada) de 30 m, el segundo mayor del mundo en su longitud de onda, los telescopios ópticos *William Herschel* de 4.2 m en el Roque de los Muchachos y de 3.5 m del CAHA y el telescopio de IR de 1.5 m *Carlos Sánchez* en Izaña, por no hacer esta lista muy larga.

Actualmente, el IAC ha emprendido el ambicioso proyecto de un gran telescopio de 10 m (el GRANTECAN) auténtico reto para la técnica y la astrofísica española.

Con todo ello, la investigación astronómica española tiene una producción científica aún modesta, pero creciente. Hemos excluido, por brevedad, las asociaciones de Astronomía de aficionados y los centros de divulgación astronómica, a pesar de su enorme potencial e interés. La Astronomía profesional se coordina mediante la SEA, Sociedad Española de Astronomía. Para mayor información consúltese su página en la Red, http://sea.am.ub.es/

2. Una lista de 100 astrónomos destacados

Excluimos a los nacidos en este siglo, pues la selección de los más recientes es muy subjetiva y difícil. Con letras mayúsculas destacamos 10 astrónomos. Esta lista es con toda seguridad muy arbitraria. Pero puede ser útil. Se incluye una brevísima nota sobre su especialidad.

Tales (Mileto, ~ 640 a.C. - Mileto, 546 a.C.) Constitución del Universo. Predicción de eclipses. Luz lunar.

Pitágoras (Samos, ~ 582 a.C. - Metaponto, ~ 497 a.C.) Inclinación de la órbita de la Luna. La Tierra es esférica. Planetas.

Anaxágoras (Clazomenas, ~ 500 a.C. - Lámpsaco, 428 a.C.) Fases de la Luna. Eclipses.

Empédocles (Akragas, 490 a.C. - ¿Monte Etna?, 430 a.C.) Constitución del Universo con cuatro elementos.

Filolao (Tarento o Crotona, ~ 480 a.C. - (?), (?)) Movimiento de la Tierra.

Demócrito (Abdera, Tracia, ~ 470 a.C. - (?) ~ 380 a.C.) Constitución de la Vía Láctea. Universo formado por átomos.

Metón (Atenas, ~ 460 a.C. - (?), (?)) Calendario lunar.

Heráclides (Heraclea del Ponto, ~ 388 a.C. - Atenas, 315 a.C.) Pre-heliocentrismo.

Aristóteles (Estagira, 384 a.C. - Calcis, 322 a.C.) El éter como quinto elemento. Geocentrismo.

Kiddinn (Babilonia, ~ 340 a.C. - (?), (?)) Precesión de los equinoccios.

ARISTARCO (Samos, ~ 320 a.C. - Alejandría, ~ 250 a.C.) Tamaño de la Luna y del Sol. Heliocentrismo.

Arquímedes (Siracusa, ~ 287 a.C. - (?), ~ 212 a.C.) Dimensiones y masa del Universo.

Eratóstenes (Cirene, ~ 276 a.C. - Alejandría, ~ 196 a.C.) Oblicuidad de la eclíptica. Tamaño de la Tierra.

HIPARCO (Nicea, ~ 190 a.C. - (?), ~ 120 a.C.) Paralaje de la Luna. Catálogo de posiciones de estrellas. Magnitudes estelares. Precesión de los equinoccios. Esferas deferentes, epiciclos y excéntricas.

TOLOMEO (siglos II y III) Almagesto. Sistematización de conocimientos astronómicos.

San Agustín (Tagaste, Numidia, 354 - Hipona, 430) Reflexiones cosmológicas sobre el espacio y el tiempo.

San Isidoro (Sevilla, ~ 560 - Sevilla, 636) Transmisión astronomía griega.

Al-Battani (Batán, ~ 850 - Damasco, ~ 929) Trigonometría esférica. Perfeccionamiento del sistema de Tolomeo.

Azarquiel (Toledo, ~ 1029 - Córdoba, ~ 1087) Construcción de instrumentos. Precesión de los equinoccios. Tablas astronómicas.

Averroes (Córdoba, 1126 -Marruecos, 1198) Transmisión de astronomía griega. Límites del Universo.

Maimónedes (Córdoba, 1135 - El Cairo, 1204) Transmisión de astronomía griega.

Alfonso X (Toledo, 1221 - Sevilla, 1284) Tablas astronómicas. Críticas al sistema de Tolomeo.

Nicolás de Cusa (Cusa, Rin, 1401 - Lodi, Italia, 1464) Pluralidad de mundos habitados. Heliocentrismo.

Regiomontanus (Königsberg, Prusia 1436 - Roma, 1476) Observación del Halley. Geocentrismo.

Muñoz, Jerónimo (Valencia, (?) - (?), 1581) Supernovas. Cometas. Eclipses.

COPÉRNICO, N. (Torun, Polonia, 1473 - Frauenburg, 1543) Heliocentrismo.

Brahe, T. (Knudstrup, Dinamarca, 1546 - Praga, 1601) Supernovas. Observación astronómica. Cometas. Movimientos planetarios.

Bruno, G. (Nola, Italia, 1548 - Roma, 1600) Heliocentrismo. Pluralidad de mundos habitados.

GALILEO (Pisa, 1564 - Arcetri, 1642) Astronomía telescópica. Sistema planetario. Manchas solares. Vía Láctea.

Fabricio, D. (Esens, Alemania, 1564 - Osteel, 1617) Estrellas variables.

KEPLER, J. (Weil der Stadt, Alemania, 1571 - Ratisbona, 1630) Astrología. Supernovas. Música geométrica planetaria. Órbitas.

Scheiner, C. (Wald, Alemania, 1575 - Neisse, 1650) Manchas solares.

Gassendi, P. (Champtercier, Francia, 1592 - París, 1655) Tránsito de Mercurio.

Hevelius, J. (Danzing, Alemania, 1611 - Danzing, 1687) Atlas lunar. Cometas. Catálogo estelar.

Cassini, G. D. (Perinaldo, Italia, 1625 - París, 1712) Luz zodiacal. Paralaje de Marte. Anillos de Saturno.

Huygens, C. (La Haya, Holanda, 1629 - La Haya, 1695) Nebulosa de Orión. Sistema Solar. Distancias estelares.

NEWTON, I. (Woolsthorpe, Inglaterra, 1642 - Londres, 1727) Todo.

Roemer, O. (Aarhus, Dinamarca, 1644 - Copenhague, 1710) Satélites de Júpiter y velocidad de la luz.

Flamsteed, J. (Derby, Inglaterra, 1646 - Greenwich, 1719) Catálogo estelar.

Halley, E. (Haggerston, Inglaterra, 1656 - Greenwich, 1742) Catálogo estelar del hemisferio sur. Cometas. Movimientos propios.

Bradley, J. (Sherborne, Inglaterra, 1693 - Chalford, 1762) Paralajes estelares. Aberración de la luz. Nutación.

Clairaut, A. C. (París, 1713 - París, 1765) Masa de Venus. Perturbaciones gravitatorias.

Kant, I. (Königsberg, Prusia, 1724 - Königsberg, 1804) Formación del Sistema Solar. Posibilidad de otras galaxias. Disminución de la rotación terrestre.

Messier, C. (Badouviller, Francia, 1730 - París, 1817) Cometas. Galaxias y nebulosas.

Lagrange, J. L. (Turín, Italia, 1736 - París, 1813) Perturbaciones de órbitas.

HERSCHEL, W. (Hannover, Alemania, 1738 - Slough, Inglaterra, 1822) Constructor de telescopios. Descubrimiento de Urano. Estrellas dobles. Movimientos propios. Movimiento del Sol. Estructura galáctica. Galaxias.

Herschel, C. L. (Hannover, Alemania, 1750 - Hannover, 1848) Colaboración con su hermano.

Piazzi, G. (Ponte in Valtelina, Italia, 1746 - Nápoles, 1826) Descubrimiento de Ceres.

Bode, J. E. (Hamburgo, 1747 - Berlín, 1826) Ley de distancias de los planetas al Sol.

Laplace, P. S. (Beaumont-en-Auge, Francia, 1749 - París, 1827) Estabilidad del Sistema Solar.

Olbers, H. W. M. (Arbergen, Alemania, 1758 - Bremen, 1840) Planetoides. Luz de fondo de cielo.

Goodricke, J. (Groningen, Holanda, 1764 - York, 1786) Variables eclipsantes.

Gauss, J. K. F. (Brunswick, Alemania, 1777 - Gottingen, 1855) Teoría de órbitas. Magnetismo terrestre. Inteligencia extraterrestre.

Bessel, F. W. (Minden, Prusia, 1784 - Königsberg, 1846) Catálogo estelar. Paralajes estelares.

Fraunhoffer, J. (Straubing, Baviera, 1787 - Múnich, 1826) Fabricación de instrumentos ópticos. Rayas del espectro solar. Espectros estelares.

Schwabe, H. S. (Dessau, Alemania, 1789 - Dessau, 1875) Ciclo solar de 11 años. Mancha roja de Júpiter.

Struve, F. G. W. (Altona, Alemania, 1793 - San Petersburgo, Rusia, 1864) Estrellas dobles. Paralajes estelares.

Argelander, F. W. A. (Memel, Prusia, 1799 - Bonn, 1875) Catálogo estelar. Fotometría.

Leverrier, U. J. J. (St. Lo, Francia, 1811 - París, 1877) Avance del perihelio de Mercurio. Predicción de Neptuno.

Adams, J. C. (Laneast, Inglaterra, 1819 - Cambridge, 1892) Predicción de Neptuno.

Helmholtz, H. L. F. (Potsdam, Prusia, 1821 - Charlottenburg, 1894) Mecanismo gravitatorio de energía estelar.

Clausius, R. J. E. (Köslin, Polonia, 1822 - Bonn, Alemania, 1888) Muerte térmica del Universo.

Huggins, W. (Londres, 1824 - Londres, 1910) Predominio del hidrógeno en el Universo. Determinación de velocidades radiales.

Kirchoff, G. R. (Königsberg, Prusia, 1824 - Berlín, 1887) Composición química del Sol.

Kelvin (Lord) (Belfast, Irlanda, 1824 - Largs, 1907) Mecanismo gravitatorio de energía solar.

Hall, A. (Goshen, EEUU, 1829 - Annapolis, 1907) Manchas blancas de Saturno. Satélites de Marte.

Maxwell, J. C. (Edimburgo, 1831 - Cambridge, 1879) Naturaleza de anillos planetarios.

Schiaparelli, G. V. (Savigliano, Italia, 1835 - Milán, 1910) Cometas y estrellas fugaces. Canales de Marte.

Lockyer, J. N. (Rugby, Inglaterra, 1836 - Sidmouth, 1920) Descubrimiento del helio en el Sol. Cromosfera solar.

Mach, E. (Turas, Checoslovaquia, 1838 - Haar, Baviera, 1916) Inercia y distribución local de materia.

Flammarion, N. C. (Montigny-le-Roi, Francia, 1842 - 1925) Vida inteligente. Divulgación de la Astronomía.

Vogel, H. C. (Leipzig, Alemania, 1842 - Postdam, 1907) Binarias espectroscópicas.

Boltzmann, L. (Viena, 1844 - Duino, 1906) El Universo en equilibrio. Precursor del Big Bang.

Darwin, G. H. (Kent, Inglaterra, 1845 - Cambridge, 1912) Alejamiento de la Luna y mareas. Origen de la Luna.

Kapteyn, J. C. (Barneveld, Holanda, 1851 - Amsterdam, 1922) Estadística astronómica. Estructura galáctica.

Michelson, A. A. (Strelno, Prusia, 1852 - Pasadena, 1931) Determinación diámetros estelares.

Poincaré, H. (Nancy, 1854 - París, 1912) Esferas fluidas en rotación.

Lowell, P. (Boston, 1855 - Flagstaff, 1916) Canales de Marte. Vida extraterrestre.

Comás Solá, J. (Barcelona, 1868 - 1937) Asteroides. Divulgación.

Hale, G. E. (Chicago, 1868 - Pasadena, 1938) Física solar.

Leavitt, H. S. (Lancaster, EE.UU., 1868 - Cambridge, Massachusetts, 1921) Relación periodo-luminosidad de las cefeidas.

de Sitter, W. (Sneek, Holanda, 1872 - Leiden, 1934) Cosmología.

Hertzsprung, E. (Frederiksberg, Dinamarca, 1873 - Roskilde, 1967) Clasificación estelar.

Barnard, E. E. (Nashville, EE. UU., 1875 - Bahía de Williams, 1923) Nubes de polvo en la Vía Láctea.

Slipher, V. M. (Mulberry, EE. UU., 1875 - Flagstaff, 1969) Atmósferas planetarias. Expansión del Universo.

Adams, W. S. (Antioquía, Siria, 1876 - Pasadena, 1956) Espectros estelares. Enanas Blancas. Atmósfera de Venus.

Jeans, J. H. (Londres, 1877 - Dorking, 1946) Formación catastrofista del Sistema Solar. Formación continua de materia. Divulgación.

Russell, H. N. (Oyster Bay, Nueva York, 1877 - Princeton, 1957) Clasificación estelar.

EINSTEIN, A. (Ulm, Alemania, 1879 - Princeton, 1955) Avance del perihelio de planetas. Desplazamiento al rojo gravitatorio. Deflexión de la luz. Cosmología.

Eddington, A. S. (Kendal, Inglaterra, 1882 - Cambridge, 1944) Interiores estelares.

Shapley, H. (Nashville, EEUU, 1885 - Boulder, Colorado, 1972) Cúmulos globulares. Extinción interestelar. Estructura galáctica. Supercúmulos. Variables eclipsantes. Cúmulos de galaxias.

Trumpler, R. J. (Zúrich, 1886 - Berkeley, California, 1956) Estructura galáctica. Cúmulos abiertos.

HUBBLE, E. P. (Marshfield, EE.UU., 1889 - San Marino, California, 1953) Distancia a M31. Galaxias. Clasificación de galaxias. Expansión del Universo.

Jones, H. S. (Londres, 1890 - 1960) Tamaño del Sistema Solar.

Baade, W. (Schröttighausen, Alemania, 1893 - Göttingen, 1960) Poblaciones estelares. Distancias extragalácticas. Interacciones galácticas.

Lamaître, G. E. (Chaleroi, Bélgica, 1894 - Lovaina, 1996) Cosmología.

Lindblad, B. (Örebro, Suecia, 1895 - Estocolmo, 1965) Dinámica galáctica.

Struve, O. (Jarkov, Rusia, 1897 - Berkeley, 1963) Materia interestelar.

Zwicky, F. (Varna, Bulgaria, 1898 - Pasadena, California, 1956) Supernovas. Cúmulos de galaxias. Materia oscura. Rayos cósmicos.

Oort, J. H. (Franeker, Países Bajos, 1900 - Groningen, 1992) Estructura y dinámica galáctica. Radioastronomía. Cometas.

3. Cómo son los astrónomos españoles

Pensando especialmente en los jóvenes que en el futuro quieran dedicarse a la Astronomía, comentemos algunos datos del estudio realizado por el Dpto. de Sociología de la Universidad de Granada, encargado por la Sociedad Española de Astronomía, sobre «Sociología de los Astrónomos Españoles», estudio cuyo análisis se recoge en el artículo publicado por Iglesias de Ussel, *et al.* en «Astrophysics and Space Science» (1998).

La Astronomía española ha experimentado un notable auge, habiéndose multiplicado por 20 en 20 años el número de artículos publicados. Actualmente hay unos 300 doctores en esta especialidad. Los astrónomos han nacido más frecuentemente en Madrid o Barcelona (1/3) siendo Granada, Cádiz y Valencia las siguientes ciudades de procedencia. La mayoría han estudiado Ciencias Físicas, especialmente en Madrid y Barcelona (1/2), aportando también un número considerable de licenciados las universidades de Granada, Valencia, Zaragoza y La Laguna. Suelen tener un destacado expediente académico, habiendo el 80% terminado los estudios en cinco años.

Tras la licenciatura se suele hacer el doctorado. Efectivamente, el 67% de los astrónomos son doctores y el 30% están realizando actualmente el doctorado. Algunos tardan solo 3 años en doctorarse (21%); lo normal es que tarden 4 años (42%), aunque algunos emplean 5 (23%) o más. Lo más frecuentemente es hacerle en la universidad de origen aunque el 40% acude a otra universidad. Aunque el doctorando se obtiene en y por una universidad, el trabajo de investigación correspondiente puede hacerse en un centro público de investigación no universitario, como el IAC (Instituto de Astrofísica de Canarias) o el IAA (Instituto de Astrofísica de Andalucía).

Tras el doctorado, o en ocasiones antes, se procura completar la especialización en el extranjero. El 40% de los astrónomos ha realizado estudios en el extranjero, cifra muy alta si se piensa en que, de los que están realizando actualmente el doctorado (30%), muchos obtendrán una beca post-doctoral fuera de España. Estados Unidos (26%), Reino Unido (22%), Alemania (16%) y Francia (13%) son los paises que más acogen a los astrónomos, donde se especializan durante una media de 32.4 meses.

A la vuelta de la estancia post-doctoral en el extranjero, la obtención de un puesto fijo como astrónomo no está garantizada. Existen becas de reincorporación y puestos estables, la mayoría (93%) en universidades o centros públicos de Investigación. Hay que tener en cuenta que la Astronomía no tiene interés empresarial inmediato.

Algún tanto por ciento no estudiado acaba formando parte de la plantilla de planetarios y centros de divulgación, que están hoy día afortunadamente proliferando. Es difícil conocer cuántos iniciaron los estudios de Astronomía y se vieron forzados a abandonarla, pues las encuestas se hicieron a los astrónomos y no a los que ya dejaron de serlo. Actualmente, aproximadamente la mitad de los astrónomos ocupan un puesto estable, pero la obtención de este privilegio es difícil, especialmente teniendo en cuenta el esfuerzo y el número de años que exige un trabajo tan especializado. El 55% de los astrónomos no tienen hijos y, aunque en parte se debe a que muchos de ellos, en formación, son aún muy jóvenes (la edad media es de 34 años), la inestabilidad laboral inicial contribuye a proporcionar una cifra tan alta.

El 22% de los astrónomos son mujeres. Esta cifra parece muy baja pero, en realidad, coloca a España a la cabeza de todos los países. Francia, Italia, Bélgica y Grecia ofrecen porcentajes solo ligeramente inferiores. Las mujeres astrónomas son solo el 8.6% en Estados Unidos. Las cifras son anormalmente bajas, inferiores al 5%, en países como el Reino Unido, Alemania u Holanda. El país con menor participación de mujeres, con un porcentaje de 0%, es... el Vaticano.

España tiene aproximadamente 10^{-5} astrónomos por habitante, cifra muy parecida a la de otros países europeos y Estados Unidos. En este aspecto, nuevamente el Vaticano se destaca, con 6.7×10^{-3} astrónomos por habitante, así como Australia, con 10^{-4}. En cambio, los paises latinoamericanos tienen este índice en torno a 10^{-6}, e India y China, del orden de 2×10^{-7}. En comparación con nuestras posibilidades, sin embargo, tenemos pocos astrónomos. Solamente contando con los telescopios ópticos, España es de los pocos países privilegiados que tiene más superficie colectora de telescopios que la suma de las superficies de todas las pupilas de sus habitantes. La cantidad y calidad de los telescopios instalados y por instalar en España es realmente excepcional, tanto como puede serlo el futuro de sus astrónomos.

4. Cosmología y etimología

Las palabras registran, en su brevedad, su origen y su historia, por lo que algo nos permiten atisbar lo que se pensaba cuando se gestaron. Como algunas palabras que utiliza la astronomía son antiquísimas, nos informan un poco de la cosmología prehistórica. No podemos esperar mucho de dos, tres, cuatro... sílabas que además han sufrido alteraciones en su larga historia, pero reflexionar sobre nuestras propias palabras es grato y gratis.

El «Universo»: No es esta una voz que parezca plantear problemas a los etimólogos. Viene del latín, juntando *unus* y *versum*, participio pasivo de *vertere*, y ya en latín *universum* significaba el conjunto de todas las cosas. El problema es que *unus* y *vertere* no parecen encerrar el sentido del conjunto de todas las cosas, ni de lo que hoy entendemos por Universo. ¿Qué hay detrás de las palabras?. «Verter» hoy es echar un líquido, pero este significado aparece tardíamente en la Edad Media, mientras que el latín *vertere* significaba más bien «girar», voz emparentada con nuestro actual «vértigo», por ejemplo. ¿Podríamos pensar que *universum* encierra un concepto anterior como «lo que gira como un todo»? Pero el Universo —pensamos hoy— no puede girar, porque se trataría de un giro «absoluto», concepto bastante enigmático en la era post-relativista. Quizá, el origen último, sea que el «firmamento» está formado por estrellas «vagabundas» (significado griego de planeta), que a simple vista son sólo cinco, y todas las demás mantienen fijas sus posiciones unas con respecto a las otras. Exceptuando las cinco vagabundas, el resto de las estrellas «giran» todas al «unísono»: forman el «Universo». ¿No nos sugiere pues la palabra «Universo» una concepción geocéntrica prehistórica?.

Acabamos de usar «firmamento», que viene del latín *firmus*, firme. Esto está claro, pero... ¿Qué tiene el Universo de firme? Vuelve a nuestra mente la concepción geocéntrica: las estrellas giran al unísono, como si estuvieran en una esfera sólida, en la cual las estrellas estuvieran incrustadas «firmemente».

La palabra «Universo» tiene un sinónimo actual: «Cosmos». Esta es una voz griega cuyo significado es «orden». Pero el Universo no es «orden», ni tampoco le tiene. Todo estudiante sabe que la entropía del Universo aumenta en todo proceso, lo que quiere decir que el desorden del Universo siempre aumenta. De hecho, y esto es demostrable, el Universo está muy cerca del desorden completo. ¿A quién se le ocurre llamar «orden» al firmamento? La palabra orden es susceptible de diversas interpretaciones. El Sistem Solar parece «ordenado». No puede aplicarse el concepto de «orden» termodinámico al Sistema Solar, pues éste se aplica a sistemas formados por un grupo muy grande de partículas (estadísticamente hablando) y no al Sistema Solar formado por tan pocos miembros. El Sistema Solar, en cierto sentido, está ordenado. Quizá «cosmos» se refería inicialmente al Sistema Solar, pequeño en el Universo, pero lo más cercano y objeto inmediato de nuestras reflexiones. Si «universo» nos hacía pensar en la esfera de las estrellas fijas, ahora «cosmos» nos hace pensar en el aspecto complementario, en las estrellas errantes, en el Sistema Solar.